PROBABILIDADES

PROBABILIDADES

PROBABILIDADES
Resumos teóricos
Exercícios resolvidos
Exercícios propostos
2ª edição revista e ampliada

PEDRO LUIZ DE OLIVEIRA COSTA NETO
Doutor em Engenharia, professor titular do
Programa de Mestrado em Engenharia
de Produção da Universidade Paulista
e professor aposentado da
Escola Politécnica da USP

MELVIN CYMBALISTA
Mestre em Engenharia, professor da Escola Politécnica
da USP

Probabilidades

© 2006   Pedro Luiz de Oliveira Costa Neto
                Melvin Cymbalista

2ª edição – 2006

2ª reimpressão – 2012

Editora Edgard Blücher Ltda.

Blucher

Rua Pedroso Alvarenga, 1245, 4º andar

04531-012 – São Paulo – SP – Brasil

Tel 55 11 3078-5366

editora@blucher.com.br

www.blucher.com.br

É proibida a reprodução total ou parcial por quaisquer meios, sem autorização escrita da Editora.

Todos os direitos reservados pela Editora
Edgard Blücher Ltda.

FICHA CATALOGRÁFICA

Costa Neto, Pedro Luiz de Oliveira
    Probabilidades: resumos teóricos, exercícios resolvidos, Exercícios propostos / Pedro Luiz de Oliveira Costa Neto, Melvin Cymbalista. – 2ª edição ver. e ampl. – São Paulo: Blucher, 2006.

Bibliografia.
ISBN 978-85-212-0383-4

    1. Probabilidades I. Cymbalista, Melvin.
II. Título

05-8347   CDD-519.2

Índices para catálogo sistemático:
1. Cálculo de probabilidades: Matemática 519.
2. Probabilidades: Matemática 519.2

À memória do Prof. Dr. Boris Schneiderman,
que tanto nos iluminou
Aos nossos filhos e netos

PREFÁCIO À SEGUNDA EDIÇÃO

Por uma série de razões, decorreram 30 anos até que surgisse esta segunda edição deste livro. Isto tem seus lados positivo e negativo. O negativo refere-se à demora em si e o positivo, ao fato de que o livro sobreviveu todo esse tempo numa comprovação da sua utilidade.

Reconhecemos que, em grande parte, essa sobrevivência se deve ao fato de o Cálculo de Probabilidades, ao menos no que diz respeito às exigências dos cursos de graduação, pouco mudou no decorrer desse período.

Aliás, se mudou o foi no sentido de se exigir menos dos alunos. Apesar desta desagradável constatação, preferimos não retirar do texto nenhuma informação. Ao contrário, incluímos alguns ítens e exercício no sentido de reforçar a sua aplicabilidade, além de fazer algumas necessárias atualizações.

A mudança mais marcante ocorreu na Bibliografia, por motivos óbvios. Dos textos citados na primeira edição foram mantidos apenas uns poucos que mais se relacionam em o escopo do presente trabalho.

Quanto ao mais, tudo que foi dito no prefácio da primeira edição continua válido. Esperamos que este trabalho ora empreendido sirva para que o texto como um todo melhor contribua à sua finalidade.

São Paulo, outubro de 2005

Os autores

PREFÁCIO À PRIMEIRA EDIÇÃO

O Cálculo de Probabilidades é um importante ramo da Matemática que trata situações sujeitas às leis do acaso. É uma ferramenta indispensável ao estudo da Estatística Indutiva, sendo também necessário ao desenvolvimento de inúmeros modelos aplicados que se enquadram na chamada Pesquisa Operacional.

Devido à sua grande importância, o Cálculo de Probabilidade é lecionado, como matéria isolada ou como parte de cursos de Estatística, em escolas dos mais variados tipos que incluem, além das de formação eminentemente tecnológica, faculdades de Administração, Medicina, Sociologia, etc.

Por essa razão, esperamos com este volume dar uma contribuição a mais ao ensino do Cálculo de Probabilidades em nível universitário. Concebido inicialmente como livro de exercícios, logo verificamos a necessidade de incorporar ao volume resumos teóricos que fossem suficientes à solução dos problemas propostos. Isso foi feito, dentro da idéia de nos atermos apenas aos conceitos básicos no nível proposto. Exposições mais profundas e variadas dos assuntos envolvidos podem ser encontradas em outros textos, alguns dos quais são sugeridos na Bibliografia.

O que nos levou a organizar este volume foi a dificuldade, verificada durante anos de experiência lecionando o assunto, de se conseguir publicações em português que satisfizessem às necessidades de grande parte dos alunos quanto a objetividade e suficiente quantidade e variedade de exercícios a resolver.

Acreditamos que o presente possa, portanto, ser útil como livro-texto ou como livro de exercícios, dependendo da profundidade do curso.

Subdividimos os exercícios propostos em *selecionados* e *complementares*. Os primeiros apresentam uma ordenação razoavelmente concordante com o desenvolvimento da teoria e não envolvem exercícios de dificuldade acima do normal. Para todos eles são dadas, ao final do volume, respostas e sugestões ao encaminhamento da solução. Para os complementares, são dadas apenas as respostas aos exercícios ímpares, com o propósito de reservar aos docentes alguns para trabalhos em casa, etc.

A subdivisão acima mencionada apenas não foi feita no Cap. III, por ser o assunto desse capítulo lecionado com menos freqüência e de maior dificuldade.

A quantidade de exercícios propostos no Cap. I é propositalmente maior que nos demais, pois o cálculo da probabilidade de eventos é onde o aluno encontra, em geral, maior dificuldade, sendo a prática de exercícios a melhor forma de aprendizado. Daí nossa preocupação em oferecer uma coleção bastante vasta, que poderá ser convenientemente utilizada por todos.

Nota importante. O aluno somente deverá recorrer às *sugestões ao encaminhamento da solução* após tentar a resolução do exercício. Caso contrário, as *sugestões* não irão cumprir sua finalidade.

São Paulo, maio de 1974

Os autores

CONTEÚDO

Prefácio à segunda edição VII
Prefácio à primeira edição IX
Capítulo 1 – Probabilidades 1
    1.1 Resumo teórico 1
        1 Espaço amostral — Eventos 1
        2 Probabilidade e suas propriedades 4
        3 Probabilidade condicionada e
          correspondentes propriedades 5
        4 Árvore de probabilidade 7
        5 Eventos independentes 8
    1.2 Exercícios resolvidos 8
    1.3 Exercícios selecionados 16
    1.4 Exercícios complementares 21

Capítulo 2 – Variáveis aleatórias unidimensionais 37
    2.1 Resumo teórico 37
        1 Variáveis aleatórias discretas 37
        2 Variáveis aleatórias contínuas 38
        3 Função densidade de probabilidade 39
        4 Função de repartição ou de distribuição 40
        5 Parâmetros de posição 43
        6 Parâmetros de dispersão 45
        7 Parâmetros de assimetria e achatamento 46
        8 Desigualdades de Tchebycheff e
          Camp-Meidell 47
    2.2 Exercícios resolvidos 47
    2.3 Exercícios selecionados 57
    2.4 Exercícios complementares 62

Capítulo 3 – Funções de variáveis aleatórias unidimensionais —
        Variáveis bidimensionais 69
    3.1 Resumo teórico 69
        1 Funções de variáveis aleatórias
          unidimensionais 69

2	Distribuições bidimensionais	71
3	Distribuições marginais	73
4	Distribuições condicionadas	74
5	Variáveis aleatórias independentes	75

3.2 Exercícios resolvidos 76
3.3 Exercícios propostos 80

Capítulo 4 – Principais distribuições discretas 85
4.1 Resumo teórico 85

1 Distribuição equiprovável 85
2 Distribuição de Bernoulli 86
3 Distribuição binomial 87
4 Distribuição geométrica 89
5 Distribuição de Pascal 89
6 Distribuição hipergeométrica 90
7 Distribuição de Poisson 91
8 Aproximações de distribuição binomial 93
9 Distribuição polinomial ou multinomial 94
10 Distribuição multi-hipergeométrica 95

4.2 Exercícios resolvidos 95
4.3 Exercícios selecionados 101
4.4 Exercícios complementares 106

Capítulo 5 – Principais distribuições contínuas 115
5.1 Resumo teórico 115

1 Distribuição uniforme 115
2 Distribuição exponencial 116
3 Distribuição normal ou de Gauss 118
4 Combinações lineares de variáveis
normais independentes 121
5 Aproximações pela normal 122
6 Outras distribuições de variáveis
aleatórias contínuas 122

5.2 Exercícios resolvidos 128
5.3 Exercícios selecionados 142
5.4 Exercícios complementares 147

Apêndice I - Teoria da decisão 155
Apêndice II - Confiabilidade 160
Tabela 1 – Distribuição binomial 168
Tabela 2 – Distribuição de Poisson 169
Tabela 3 – Distribuição normal 170
Respostas aos exercícios propostos 171
Sugestões aos exercícios selecionados 179
Bibliografia 185

1 — PROBABILIDADES

1.1 RESUMO TEÓRICO

1. Espaço amostral — Eventos

Em um fenômeno aleatório ou probabilístico, isto é, sujeito às leis do acaso, chamamos *espaço amostral* ou *espaço das possibilidades* ao conjunto (em geral o mais detalhado possível) de todos os resultados possíveis de ocorrer. Denota-lo-emos por S.

Por exemplo, se jogarmos um dado branco e um dado preto, o espaço amostral correspondente poderá ser descrito como segue.

$$S_1 = \begin{cases} (1,1) & (2,1) & (3,1) & (4,1) & (5,1) & (6,1) \\ (1,2) & (2,2) & (3,2) & (4,2) & (5,2) & (6,2) \\ (1,3) & (2,3) & (3,3) & (4,3) & (5,3) & (6,3) \\ (1,4) & (2,4) & (3,4) & (4,4) & (5,4) & (6,4) \\ (1,5) & (2,5) & (3,5) & (4,5) & (5,5) & (6,5) \\ (1,6) & (2,6) & (3,6) & (4,6) & (5,6) & (6,6) \end{cases}$$

onde, digamos, o primeiro número de cada par indica o ponto do dado branco e o segundo indica o ponto do dado preto.

Entretanto, deve-se notar que, mesmo que os dados fossem idênticos, o espaço amostral poderia ser considerado análogo pois, a rigor, haveria também 36 resultados possíveis.

Da mesma forma, se jogarmos quatro moedas, o espaço amostral poderá ser descrito por

$$S_2 = \begin{cases} CCCC & CCCK & CCKK & CKKK & KKKK \\ & CCKC & CKCK & KCKK \\ & CKCC & KCCK & KKCK \\ & KCCC & CKKC & KKKC \\ & & KCKC \\ & & KKCC \end{cases}$$

onde C pode representar coroa e K cara, em cada moeda lançada.

Qualquer subconjunto de um espaço amostral será um evento, definindo um resultado bem determinado. Os eventos podem ser simples ou compostos, conforme se constituam de um ou mais resultados de S. Designaremos os eventos por letras maiúsculas.

Dentre os eventos a considerar-se devemos incluir o próprio S (evento certo) e o conjunto vazio ∅ (evento impossível).

Por exemplo, sejam em S_1 os eventos

E = dar 1 nos dois dados;
F = soma dos pontos igual a quatro;
G = soma dos pontos menor ou igual a cinco;
H = dar dois no dado branco.

Teremos

$E = \{(1,1)\}; F = \{(1,3), (2,2), (3,1)\}$; etc.

O evento E é simples, ao passo que F, G e H são compostos.

As operações entre conjuntos podem ser aplicadas aos eventos. Definimos, pois

a) Evento intersecção $E \cap F, E \cdot F$

É o evento formado pelos resultados que pertencem a ambos os eventos considerados. Usando um diagrama de Euler-Venn, temos, simbolicamente:

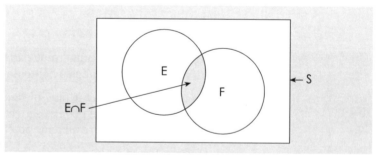

Figura 1.1

Exemplo

Em S_1

$G \cap H = \{(2,1), (2,2), (2,3)\}$.

O evento intersecção representa a ocorrência de ambos os eventos considerados.

b) Evento reunião ou união $E \cup F, E + F$

É o evento formado pelos resultados que pertencem a pelo menos um dos eventos considerados. Simbolicamente:

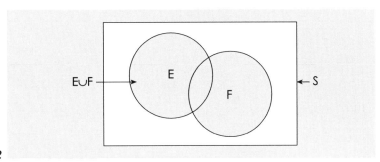

Figura 1.2

Exemplo

Em S_1

$F \cup H = \{(1,3), (2,1), (2,2), (2,3), (2,4), (2,5), (2,6), (3,1)\}$.

O evento reunião ou união representa a ocorrência de pelo menos um dos eventos considerados.

c) Evento complementar* $\overline{E}$

É o evento formado pelos resultados que não pertencem ao evento considerado. Simbolicamente:

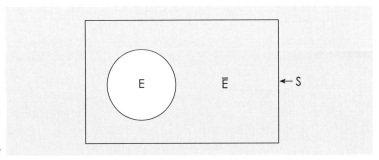

Figura 1.3

O evento complementar representa a não ocorrência do evento considerado.

As operações acima podem facilmente ser estendidas a mais de dois eventos.

---
*A idéia de complementar pode ser relativa. Admitiremos implicitamente a complementaridade em relação a S.

Por outro lado, dizemos que dois eventos E e F são **mutuamente excludentes** se $E \cap F = \emptyset$. Simbolicamente:

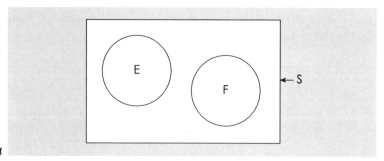

Figura 1.4

Logo, tais eventos não podem ocorrer simultaneamente em uma mesma realização de um experimento aleatório.

Essa definição também pode ser imediatamente generalizada a mais de dois eventos.

Se a reunião de n eventos mutuamente excludentes é o próprio S, dizemos que tais eventos são também exaustivos, ou que formam uma partição de S.

2. Probabilidade e suas propriedades

A maior ou menor possibilidade de ocorrência dos diversos eventos é medida por um número chamado **probabilidade**.

Historicamente, a probabilidade foi objeto de ampla discussão, tendo sido definida de maneiras diferentes. Assim, houve a definição de probabilidade como sendo o limite da freqüência relativa de ocorrência de um evento quando o número de provas tendia ao infinito. Esta definição, dita freqüencialista, padecia evidentemente de uma grande limitação.

Uma segunda definição, conhecida por clássica, concebia a probabilidade como o quociente do número de casos favoráveis ao evento pelo número de casos possíveis, **desde que todos igualmente prováveis**. Esta definição é hoje considerada uma regra prática para a atribuição das probabilidades, quando aplicável, conforme será visto a seguir.

Há também a se considerar as **probabilidades subjetivas**, atribuídas conforme a avaliação de cada um e em geral usadas quando não há formas objetivas de atribuição que possam ser usadas.

Modernamente, se adota a **definição axiomática** da probabilidade, proposta em 1933 pelo russo Kolmogorov, segundo a qual a probabilidade obedece a três axiomas:

1.1 — RESUMO TEÓRICO

a) $P(E) * 0$ (1.1)

b) $P(S) = 1$ (1.2)

c)   Se E e F são eventos mutuamente excludentes,

$$P(E \cup F) = P(E) + P(F) \qquad (1.3)$$

Desses axiomas, diversas outras propriedades podem ser deduzidas como teoremas, tais como:

d) $P(\emptyset) = 0;$ (1.4)

e)   Se $E, F, \ldots, K$ são eventos mutuamente excludentes
$P(E \cup F \cup \ldots \cup K) = P(E) + P(F) + \ldots + P(K);$ (1.5)

f) $P(\bar{E}) = 1 - P(E);$ (1.6)

g) $P(E \cup F) = P(E) + P(F) - P(E \cap F)*;$ (1.7)

h) $P(E \cup F) = 1 - P(\bar{E} \cap \bar{F});$ (1.8)

i) $P(E \cup F \cup H) = 1 - P(\bar{E} \cap \bar{F} \cap \bar{H})$ (1.9)

etc.

Deve-se notar que as propriedades acima não fornecem uma maneira objetiva de se atribuir valores à probabilidade. Em verdade, a probabilidade, considerada à luz das propriedades acima, pode ter seus valores atribuídos de forma subjetiva por diversos indivíduos o que, em diversos casos, tem suas vantagens.

Uma regra prática que nos fornece uma maneira mais objetiva para a atribuição numérica da probabilidade é

$$P(E) = \frac{m}{n}, \qquad (1.10)$$

onde $m = $ número de resultados favoráveis ao evento E;

$n = $ número de resultados possíveis, **desde que igualmente prováveis**.

3. Probabilidade condicionada e correspondentes propriedades

Muitas vezes, o fato de ficarmos sabendo que certo evento ocorreu faz com que se modifique a probabilidade que atribuímos a outro evento. Denotaremos por $P(E \mid F)$ à probabilidade do evento E sabendo-se que F ocorreu ou, simplesmente, probabilidade de E condicionada a F.

---

*Esta propriedade é comumente chamada de "teorema da soma das probabilidades".

Pode-se mostrar a coerência da relação segundo a qual

$$P(E \mid F) = \frac{P(E \cap F)}{P(F)}, \quad P(F) \neq 0. \tag{1.11}$$

Analogamente

$$P(F \mid E) = \frac{P(E \cap F)}{P(E)}, \quad P(E) \neq 0. \tag{1.12}$$

Das expressões acima resulta a **regra do produto**, que se refere ao cálculo da probabilidade do evento intersecção,

$$P(E \cap F) = P(E) \cdot P(F \mid E) = P(F) \cdot P(E \mid F). \tag{1.13}$$

Note-se que a ordem de condicionamento pode ser invertida. Para três eventos podemos, por exemplo, escrever

$$P(E \cap F \cap G) = P(E) \cdot P(F \mid E) \cdot P(G \mid E \cap F) \tag{1.14}$$

De forma semelhante generalizaríamos a expressão para diversos eventos.

Dois importantes teoremas são os seguintes

a) **Teorema da probabilidade total**. Seja $E_1, E_2, \ldots, E_n$ uma partição e F um evento qualquer de S, conforme ilustrado na Fig.1.5

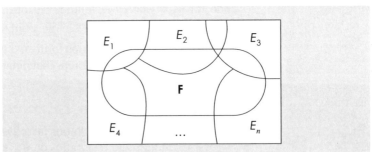

Figura 1.5
Partição de S e evento F

Então

$$P(F) = \sum_{i=1}^{n} P(E_i \cap F) = \sum_{i=1}^{n} P(E_i) \cdot P(F / E_i). \tag{1.15}$$

Esse resultado pode ser demonstrado considerando-se o evento F subdividido em suas intersecções com os eventos E_i e aplicando-se as propriedades anteriores.

b) *Teorema de Bayes*. Nas mesmas condições do teorema anterior:

$$P(E_j \mid F) = \frac{P(E_j) \cdot P\left(F \mid E_j\right)}{\displaystyle\sum_{i=1}^{n} P(E_i) \cdot P(F \mid E_i)}, \qquad j = 1, 2, ..., n. \quad (1.16)$$

Esse resultado consegue-se facilmente do teorema anterior e demais propriedades. Note-se que o denominador da (1.16) é a própria $P(F)$ calculada pelo teorema da probabilidade total.

Os dois teoremas acima são particularmente úteis no estudo de situações que se processam em duas etapas, a primeira das quais corresponde à ocorrência de um (e somente um, devido à sua natureza) dos eventos da família E, dizendo o evento F respeito à segunda etapa. O primeiro teorema ensina como calcular a propriedade incondicional do evento F, isto é, não importando qual dos eventos da família E_i possa ter ocorrido. O teorema de Bayes, por sua vez, mostra como calcular a probabilidade de que tenha sido o particular evento E_j da família E aquele que ocorreu, dada a informação de que o evento F ocorreu.

A idéia contida no Teorema de Bayes deu origem a uma nova, moderna e alternativa maneira de se pensar a Estatística, gerando a chamada **Estatística Bayesiana**. Para mais informações, ver Bekman e Costa Neto, capítulo 6.

4. Árvores de probabilidade

A construção de uma ***árvore de probabilidade*** fornece uma ferramenta muito útil para a solução de problemas envolvendo duas ou mais etapas. A árvore consiste em uma representação gráfica na qual as diversas possibilidades são representadas, juntamente com as respectivas probabilidades condicionadas a cada situação. Isso permite, pela utilização direta da regra do produto das probabilidades, associar a cada nó terminal da árvore a respectiva probabilidade.

O uso das árvores de probabilidade ajudam e simplificam o entendimento da aplicação dos dois teoremas acima, conforme se verá nos exercícios resolvidos.

A idéia contida nas árvores de probabilidade é utilizada, em outro contexto, nas ***árvores de decisão***, ferramenta básica de ***Análise Estatística da Decisão***, objeto da referência citada em 3. No apêndice 1 é apresentado um exemplo ilustrativo do uso da árvore da decisão.

5. Eventos independentes

Se $P(E \mid F) = P(E)$, o evento E é dito **estatisticamente independente** do evento F. Isso implica que o evento F também será estatisticamente independente do evento E, o que é fácil provar.

Nas condições de independência os cálculos se simplificam, pois não mais precisamos nos preocupar com as probabilidades condicionadas.

Sendo independentes os eventos, a regra do produto fica

$$P(E \cap F) = P(E) \cdot P(F), \qquad (1.17)$$

sendo de imediata generalização a vários eventos, ou seja:

$$P(E \cap F \cap \ldots \cap K) = P(E) \cdot P(F) \ldots P(K). \qquad (1.18)$$

1.2 EXERCÍCIOS RESOLVIDOS

1 Jogando-se 3 dados, calcular a probabilidade de que a soma dos pontos obtidos seja superior a 14.

Solução Como cada dado oferece 6 possibilidades, o número de resultados do espaço amostral do lançamento de 3 dados será

$$n = 6^3 = 216.$$

Como é razoável supor que as seis faces do dado sejam equiprováveis, resulta, da aplicação da (1.18), que os 216 resultados de S também o serão, cada um com probabilidade 1/216. Logo, podemos utilizar a relação (1.10), bastando para tanto descobrirmos quantos são os resultados favoráveis ao evento E = "soma dos pontos superior a 14". Relacionemos esses resultados

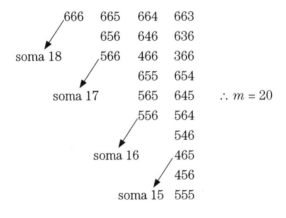

Resulta

$$P(E) = \frac{m}{n} = \frac{20}{216} \cong 0,0926.$$

2 Um baralho de 52 cartas é subdividido em 4 naipes: copas, espadas, ouros e paus.

a) Retirando-se uma carta ao acaso, qual a probabilidade de que ela seja de ouros ou de copas?

b) Retirando-se duas cartas ao acaso com reposição da primeira carta, qual a probabilidade de ser a primeira de ouros e a segunda de copas?

c) Recalcular a probabilidade anterior se não houver reposição da primeira carta.

d) Havendo reposição, qual a probabilidade de sair a primeira carta de ouros ou então a segunda de copas?

Solução a) Sejam os eventos

E = sair carta de ouros;
F = sair carta de copas.

Os eventos E e F são mutuamente excludentes e estamos interessados na sua reunião, isto é, na ocorrência de um deles. Logo, pela propriedade (1.3), teremos

$$P(E \cup F) = P(E) + P(F) = \frac{1}{4} + \frac{1}{4} = \frac{1}{2}.$$

b) Sejam agora

G = sair a primeira carta de ouros;
H = sair a segunda carta de copas.

O evento desejado é a intersecção dos eventos G e H, conforme podemos ver no espaço amostral da retirada de duas cartas do baralho, dado abaixo

		$G\downarrow$	$H\downarrow$
CC	EC	OC	PC
CE	EE	OE	PE
CO	EO	OO	PO
CP	EP	OP	PP

Como as retiradas são feitas com reposição, os eventos G e H são independentes logo, pela regra do produto na sua forma simplificada, dada por (1.17), temos

$$P(G \cap H) = P(G) \cdot P(H) = \frac{1}{4} \cdot \frac{1}{4} = \frac{1}{16}.$$

c) Neste caso, os eventos G e H não são mais independentes, logo devemos aplicar a regra do produto, conforme dada em (1.13),

$$P(G \cap H) = P(G) \cdot P(H \mid G) = \frac{1}{4} \cdot \frac{13}{51} = \frac{13}{204}.$$

Note-se que, se a primeira carta foi de ouros, haverá 13 cartas de copas num total de 51, ao se fazer a segunda retirada.

d) Queremos agora a reunião dos eventos G e H, que não são mutuamente excluentes, pois tratam-se de cartas diferentes. Logo, devemos usar a propriedade (1.7), obtendo

$$P(G \cup H) = P(G) + P(H) - P(G \cap H) = \frac{1}{4} + \frac{1}{4} - \frac{1}{4} \cdot \frac{1}{4} = \frac{7}{16}.$$

Uma solução alternativa seria através do uso da propriedade (1.8). Assim, temos:

$$P(G \cup H) = 1 - P(\bar{G} \cap \bar{H}) = 1 - \frac{3}{4} \cdot \frac{3}{4} = \frac{7}{16}.$$

Este expediente simplifica a solução, mormente no caso de três ou mais eventos.

3 Uma urna contém 7 bolas gravadas com as letras A, A, A, C, C, R, R. Extraindo-se as bolas uma por uma, calcular a probabilidade de obter-se a palavra $CARCARÁ$.

Solução O evento desejado (F) pode ser considerado como intersecção dos sete eventos seguintes

$E_1 = 1^a$ bola retirada ser gravada com C;
$E_2 = 2^a$ bola retirada ser gravada com A;
$E_3 = 3^a$ bola retirada ser gravada com R;
$E_4 = 4^a$ bola retirada ser gravada com C;
$E_5 = 5^a$ bola retirada ser gravada com A;
$E_6 = 6^a$ bola retirada ser gravada com R;
$E_7 = 7^a$ bola retirada ser gravada com A.

Logo, aplicando a regra do produto na sua forma generalizada, temos

$$P(F) = P(E_1) \cdot P(E_2 \mid E_1) \cdot P(E_3 \mid E_1 E_2) ... =$$

$$= \frac{2}{7} \cdot \frac{3}{6} \cdot \frac{2}{5} \cdot \frac{1}{4} \cdot \frac{2}{3} \cdot \frac{1}{2} \cdot 1 = \frac{1}{210}.$$

1.2 — EXERCÍCIOS RESOLVIDOS

4 Uma urna contém 3 bolas brancas e 4 bolas pretas. Extraindo-se simultaneamente 3 bolas da urna, calcular a probabilidade de que

a) todas sejam brancas
b) pelo menos duas sejam brancas;
c) pelo menos uma seja preta.

Solução Embora as extrações sejam feitas simultaneamente, podemos, sem modificar a essência do problema, imaginar uma ordem de aparecimento para as três bolas extraídas, o que ajuda o raciocínio para efeito de aplicação da regra do produto.

Seja o evento E = saírem 3 bolas brancas

O cálculo de sua probabilidade é feito diretamente pela aplicação da propriedade (1.14):

$$P(E) = \frac{3}{7} \cdot \frac{2}{6} \cdot \frac{1}{5} = \frac{1}{35}.$$

Seja agora o evento F, mutuamente excludente em relação a E, F = saírem 2 bolas brancas e uma bola preta

Na pergunta b, queremos $P(E \cup F) = P(E) + P(F)$.

O evento F pode ocorrer de três maneiras que diferem apenas pela ordem de aparecimento das bolas brancas e pretas: BBP, BPB e PBB. Assim, F será a reunião dessas três maneiras mutuamente excludentes e sua probabilidade será a soma das probabilidades de cada um dos eventos assim definidos. Ocorre, porém, como conseqüência da própria regra do produto, que eventos como os três aqui considerados, que diferem entre si apenas por uma questão de *ordem de ocorrência*, são igualmente prováveis. Logo, basta calcular a probabilidade de uma dessas maneiras (por exemplo, a primeira) e multiplicar por 3, que teremos a probabilidade do evento F:

$$P(F) = 3 \cdot \frac{3}{7} \cdot \frac{2}{6} \cdot \frac{4}{5} = \frac{12}{35}, \quad \therefore P(E \cup F) = \frac{1}{35} + \frac{12}{35} = \frac{13}{35}.$$

Considerando agora a pergunta c, queremos a probabilidade do evento

G = pelo menos uma bola ser preta.

Ora, em casos como este (em que aparecem os termos "algum" ou "pelo menos um") é em geral muito mais fácil calcular a probabilidade do evento complementar. De fato, no presente caso, $\bar{G}$ = nenhuma ser preta = saírem 3 bolas brancas. Mas esse é o próprio evento E, cuja probabilidade já calculamos anteriormente. Logo

$$P(G) = 1 - P(\bar{G}) = 1 - \frac{1}{35} = \frac{34}{35}.$$

Capítulo 1 — PROBABILIDADES

Observação

Uma maneira alternativa de se calcular as probabilidades dos eventos E e F acima definidos utiliza a regra prática dada em (1.10) e um pouco de análise combinatória. (Deve-se notar que essa regra não poderia ser diretamente aplicada ao espaço amostral formado pelos resultados $BBB, BBP, ..., PPP$, pois esses resultados não são todos igualmente prováveis.) Vejamos como seria.

Podemos considerar as n maneiras pelas quais do conjunto de 7 bolas podemos extrair 3. Esse número é o número de combinações de sete elementos tomados três a três, ou seja

$$n = \binom{7}{3} = \frac{7!}{3! \cdot 4!} = \frac{7 \cdot 6 \cdot 5}{3 \cdot 2 \cdot 1} = 35.$$

Para o evento E, apenas uma combinação é favorável, aquela constituída pelas únicas três bolas brancas existentes. Logo, $m = 1$ e $P(E) = 1/35$, conforme já obtivéramos.

Para o evento F, o número de combinações favoráveis é obtido pelo número de maneiras pelas quais de 3 brancas existentes podemos retirar duas, multiplicado (combinado) com o número de maneiras pelas quais de 4 pretas existentes podemos retirar uma. Ou seja

$$m = \binom{3}{2} \cdot \binom{4}{1} = \frac{3!}{2! \cdot 1!} \cdot \frac{4!}{1! \cdot 3!} = 3 \times 4 = 12$$

Resulta $P(F) = 12/35$, conforme já visto.

5

Resolver o problema anterior supondo que as extrações sejam feitas consecutivamente e aleatoriamente, sendo cada bola retirada reposta antes da retirada da bola seguinte (extrações com reposição).

Solução

As reposições intermediárias fazem com que as extrações se tornem independentes, devendo pois ser utilizada a regra do produto conforme (1.18), ou seja, mediante o produto direto das probabilidades. Logo

a) $\quad P(E) = \dfrac{3}{7} \cdot \dfrac{3}{7} \cdot \dfrac{3}{7} = \left(\dfrac{3}{7} \right)^3 = \dfrac{27}{343};$

b) $\quad P(F) = 3 \cdot \dfrac{3}{7} \cdot \dfrac{3}{7} \cdot \dfrac{4}{7} = \dfrac{108}{343};$

$\quad \therefore P(E \cup F) = \dfrac{27 + 108}{343} = \dfrac{135}{343};$

c) $\quad P(G) = 1 - \dfrac{27}{343} = \dfrac{316}{343}.$

6 Dois jogadores jogam alternadamente uma moeda, ganhando o jogo aquele que primeiro obtiver uma cara. Qual a probabilidade de ganho do primeiro a jogar? E do segundo?

Solução Sejam os eventos

A = o primeiro a jogar ganha o jogo;
B = o segundo a jogar ganha o jogo.

Evidentemente, A e B são eventos complementares, pois o jogo sempre deverá ter um término.

O evento A poderá se dar na primeira jogada, ou na terceira (a segunda é do adversário), desde que ambos errem as anteriores, ou na quinta, idem, idem, etc. Ora, a probabilidade de acerto é 1/2 na primeira jogada, 1/8 na terceira (é preciso errar, errar e acertar, resultados independentes com probabilidades iguais a 1/2), 1/32 na quinta, etc. Ou seja

$$P(A) = \frac{1}{2} + \frac{1}{8} + \frac{1}{32} + \frac{1}{128} + \dots$$

Temos a soma dos termos de uma série geométrica cujo primeiro termo é 1/2 e cuja razão é 1/4, menor que 1. Sendo a_1 o primeiro termo e q a razão, é sabido que nessas condições a soma dos infinitos termos da série é dada pela expressão $a_1/(1-q)$. Logo,

$$P(A) = \frac{\dfrac{1}{2}}{1 - \dfrac{1}{4}} = \frac{2}{3}.$$

Por raciocínio semelhante, teríamos

$$P(B) = \frac{1}{4} + \frac{1}{16} + \frac{1}{64} + \dots = \frac{\dfrac{1}{4}}{1 - \dfrac{1}{4}} = \frac{1}{3},$$

conforme o esperado, pois A e B são eventos complementares.

Uma maneira alternativa de resolver o problema está em se considerar que o primeiro a jogar vencerá o jogo se acertar na primeira jogada ou se, errando a primeira, conseguir acertar em alguma outra. Mas, condicionado a que tenha errado a primeira jogada, ele ficará em condições idênticas às que seu adversário tinha no início, logo sua probabilidade de vitória será então igual a $1 - P(A)$, que é portanto a probabilidade de vitória do primeiro a jogar condicionada a que tenha errado a primeira jogada. Chamando A_1 ao acerto na primeira jogada temos, pois,

Capítulo 1 — PROBABILIDADES

$$P(A) = P(A_1) + P(\bar{A}_1 \cap A) = P(A_1) + P(\bar{A}_1) \cdot P(A \mid \bar{A}_1)$$

$$= \frac{1}{2} + \frac{1}{2} \cdot \left[1 - P(A)\right],$$

$$\therefore \ P(A) = \frac{1}{2} + \frac{1}{2} - \frac{1}{2} \cdot P(A), \quad \therefore \ \frac{3}{2} P(A) = 1,$$

$$\therefore \ P(A) = \frac{2}{3}, \quad \therefore \ P(B) = \frac{1}{3}.$$

7 A probabilidade de haver atraso no vôo diário que leva a mala postal a certa cidade é 0,2. A probabilidade de haver atraso na distribuição local da correspondência é 0,15 se não houve atraso no vôo e 0,25 se houve atraso no vôo.

a) Qual a probabilidade de a correspondência ser distribuída com atraso em certo dia?

b) Se em certo dia a correspondência foi distribuída com atraso, qual a probabilidade de que tenha havido atraso no vôo?

c) Qual a probabilidade de que tenha havido atraso no vôo se a correspondência não foi distribuída em atraso?

Solução Este exercício ilustra a aplicação dos teoremas da probabilidade total e de Bayes, como também o uso simplificador da árvore de decisão.

Sejam os eventos:

V = atraso no vôo
D = atraso na distribuição

São dados $P(V) = 0,2$ $P(D|\bar{V}) = 0,15$
$P(D|V) = 0,25$

exprimindo simbolicamente as informações do enunciado do problema.

a) Haverá atraso na correspondência se houver atraso na distribuição, não importando o que aconteceu no vôo. Esta primeira pergunta, portanto, refere-se ao cálculo da probabilidade (incondicional) de ocorrência do evento D. Seu valor sairá diretamente da aplicação do teorema da probabilidade total, dada por (1.15):

$$P(D) = P(V) \cdot P(D \mid V) + P(\bar{V}) \cdot P(D \mid \bar{V}) =$$
$$= 0,2 \cdot 0,25 + 0,8 \cdot 0,15 = 0,05 + 0,12 = 0,17$$

b) Esta segunda pergunta se responde mediante a aplicação do teorema de Bayes, conforme (1.16):

$$P(V \mid D) = \frac{P(V) \cdot P(D \mid V)}{P(D)} = \frac{0,05}{0,17} \cong 0,294$$

Este resultado surgiu diretamente do quociente entre a parcela correspondente a V no cálculo da probabilidade total de D e a própria $P(D)$.

c) Esta pergunta também se responde usando o teorema de Bayes, mas como, neste caso, o evento que se diz ter ocorrido é $\bar{D}$, deve-se reproceder ao cálculo anterior tendo em vista a ocorrência de $\bar{D}$.

$$P(\bar{D}) = P(V) \cdot P(\bar{D}|V) + P(\bar{V}) \cdot P(\bar{D}|\bar{V}) =$$
$$= 0,2 \cdot 0,75 + 0,8 \cdot 0,85 = 0,15 + 0,68 = 0,83$$
$$\therefore P(V) = \frac{P(V) \cdot P(\bar{D}|V)}{P(\bar{D})} = \frac{0,15}{0,83} \cong 0,181$$

Vamos agora resolver o mesmo problema usando a árvore de probabilidades da Fig. 1.6. Nessa árvore estão colocados os dados básicos do problema e estão calculadas as probabilidades finais de cada ramo, mediante o produto das probabilidades encontradas em cada caminho, o que equivale a calcular a probabilidade da intersecção dos eventos encontrados usando a regra do produto.

Note-se que a soma dessas probabilidades é unitária, pois os eventos considerados formam uma partição. (Essa partição, em termos de fig. 1.5, corresponderia aos $2n$ eventos mutuamente excludentes nela representados.)

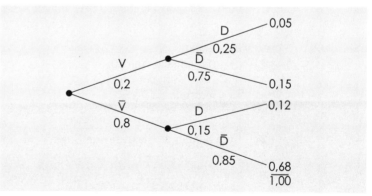

Figura 1.6
Árvore de probabilidades

Dessa árvore saem diretamente as respostas às perguntas do problema.

a) $P(D) = 0,05 + 0,12 = 0,17$

b) $P(V|D) = \dfrac{0,05}{0,17} \cong 0,294$

c) $P(\bar{D}) = 0,15 + 0,68 = 0,83$

$$\therefore P(V \mid \bar{D}) = \frac{0,15}{0,83} \cong 0,181$$

Note-se que, se tivéssemos calculado $P(\bar{V} \mid D)$, teríamos

$$P(\bar{V} \mid D) = \frac{0,12}{0,17} \cong 0,706$$

e

$$P(V \mid D) + P(\bar{V} \mid D) = 0,294 + 0,706 = 1,$$

como também ter-se-ia

$$P(V \mid \bar{D}) + P(\bar{V} \mid \bar{D}) = 0,181 + 0,819 = 1,$$

pois V e $\bar{V}$ seguem sendo eventos complementares, embora com probabilidades calculadas com diferentes condicionantes.

Entretanto, não há nenhuma razão para que $P(V \mid D) + P(V \mid \bar{D}) = 1$, como de fato não ocorre.

1.3 EXERCÍCIOS SELECIONADOS

1   Uma caixa contém 25 bolas numeradas de 1 a 25. Extraindo-se uma bola ao acaso, qual a probabilidade de que seu número seja

a)   par;
b)   ímpar;
c)   par e maior que 10;
d)   primo e maior que 3;
e)   múltiplo de 3 e 5.

2   Com auxílio do diagrama de Euler-Venn, mostre que

a) $P(\overline{E \cap F}) = P(\bar{E} \cup \bar{F})$;
b) $P(\overline{E \cup F}) = P(\bar{E} \cap \bar{F})$;
c) $P(E \cup F \cup G) = P(E) + P(F) + P(G) - P(E \cap F) - P(E \cap G) - P(F \cap G) + P(E \cap F \cap G)$;
d) $P(E \cup F \cup G) = P(E) + P(\bar{E} \cap F) + P(\bar{E} \cap \bar{F} \cap G)$.

3   Uma caixa tem 3 bolas brancas e 2 bolas pretas. Extraindo-se duas bolas simultaneamente, calcule a probabilidade de serem

a)   uma de cada cor;
b)   ambas da mesma cor.

1.3 — EXERCÍCIOS SELECIONADOS

Resolver o problema admitindo que as duas bolas são extraídas uma a uma com reposição.

4 Se as cinco bolas da caixa citada no exercício anterior forem extraídas uma a uma sem reposição, calcule a probabilidade de que

a)   as três brancas saiam sucessivamente;
b)   as duas pretas saiam sucessivamente;
c)   ao menos um dos eventos mencionados em a e b ocorra.

5 Um escritório tem 70 projetos, dos quais

35 utilizam o software A

31 utilizam o software B

25 utilizam o software C

14 utilizam os softwares A e B

10 utilizam os softwares A e C

9 utilizam os softwares B e C

4 utilizam os softwares A, B e C

Quantos projetos não utilizam nenhum dos softwares A, B e C?

6 Dentre 7 pessoas, será escolhida por sorteio uma comissão de 3 membros. Qual a probabilidade de que uma determinada pessoa venha a figurar na comissão?

7 No lançamento de 4 moedas honestas, considere os eventos

A = sair número par de caras;
B = saírem duas ou mais caras.

Calcular $P(A), P(B), P(A \cap B), P(A \cup B), P(A \cap \bar{B}), P(A \cup \bar{B})$.

8 Um sistema automático de alarme contra incêndio utiliza três células sensíveis ao calor que agem independentemente uma das outras. Cada célula entra em funcionamento com probabilidade 0,8 quando a temperatura atinge 60°C. Se pelo menos uma das células entrar em funcionamento, o alarme soa. Calcular a probabilidade do alarme soar quando a temperatura atingir 60°C.

9 Dois eventos mutuamente excludentes podem ser independentes? Dois eventos independentes podem ser mutuamente excludentes? Por que?

Capítulo 1 — PROBABILIDADES

10 Em uma universidade, 40% dos estudantes praticam futebol e 30% praticam natação. Dentre os que praticam futebol, 20% praticam também natação. Que porcentagem de estudantes não praticam nenhum dos dois esportes?

11 Sejam A e B dois eventos tais que $P(A) = 0,4$ e $P(A \cup B) = 0,7$. Seja $P(B) = p$. Para que valor de p A e B serão mutuamente excludentes? Para que valor de p A e B serão independentes?

12 A probabilidade de que João resolva esse problema é 1/3, e a de que José resolva é 1/4. Se ambos tentarem independentemente resolver, qual a probabilidade de que o problema seja resolvido?

13 Sorteados dois algarismos sem repetição, calcule a probabilidade de que

a)   sua soma seja menor que 4;
b)   seu produto seja menor que 4.

14 Retiradas duas cartas de um baralho de 52 cartas, calcule a probabilidade de que

a)   ambas sejam de copas;
b)   ambas sejam do mesmo naipe;
c)   formem um par;
d)   ao menos uma seja figura;
e)   não sejam cartas consecutivas;
f)   a segunda carta retirada seja de maior valor que a primeira.

Observação. Considere que o ás é a carta de maior valor e o dois, a de menor.

15 Retirando-se 5 cartas de um baralho completo, qual a probabilidade de se obter uma quadra?

16 Uma urna contém 3 bolas brancas, 5 bolas verdes e 6 bolas vermelhas. Extraindo-se simultaneamente 3 bolas, calcule a probabilidade de que

a)   nenhuma seja branca;
b)   exatamente uma seja verde;
c)   todas sejam da mesma cor;
d)   saia uma de cada cor;
e)   pelo menos duas sejam de cores diferentes.

1.3 — EXERCÍCIOS SELECIONADOS

17 Resolva o problema anterior se as três bolas forem extraídas uma a uma, com reposição.

18 Considere um círculo e um triângulo equilátero. Pergunte-se:

a) Se um inseto pousar no círculo, qual a probabilidade de que tenha pousado também no triângulo?
b) Se um inseto pousar no triângulo, qual a probabilidade de que tenha pousado também no círculo?
c) Qual a probabilidade do inseto pousar exatamente no centro do círculo? Discutir.

Resolver este exercício supondo:

I - O triângulo inscrito no círculo;
II - O círculo inscrito no triângulo.

19 Um artilheiro naval dispara 5 torpedos para tentar acertar um navio. Sendo 1/3 a probabilidade de cada torpedo acertar o navio, qual a probabilidade de que o navio seja atingido? Se os dois primeiros torpedos forem perdidos, qual a probabilidade de que o navio ainda seja atingido?

20 Um dado é viciado de tal forma que a probabilidade de sair um certo ponto é inversamente proporcional ao seu valor (por exemplo o ponto 3 é 2 vezes mais provável de sair que o ponto 6). Calcular

a) a probabilidade de sair ponto 3;
b) a probabilidade de sair ponto 3 sabendo que saiu ponto ímpar;
c) a probabilidade de, em duas jogadas, sair uma única vez o ponto 4.

21 Três caixas têm o seguinte conteúdo: caixa A, 2 bolas brancas, 3 pretas e 4 verdes; caixa B, 1 branca, 2 pretas e 1 verde; caixa C, 5 brancas, 3 pretas e 2 verdes. Retirando-se uma bola de cada caixa, qual a probabilidade de que

a) todas sejam brancas;
b) exatamente uma seja branca;
c) todas sejam da mesma cor;
d) todas sejam de cores diferentes.

22 Se de cada uma das três caixas definidas no problema anterior retirarmos duas bolas simultaneamente, calcule a probabilidade de que as três extrações de duas bolas forneçam o mesmo resultado.

23 Temos duas urnas, a primeira com 3 bolas brancas e 2 pretas e a segunda com 2 brancas e 1 preta. Uma urna é selecionada ao acaso e dela são retiradas duas bolas com reposição.

a) Calcular a probabilidade de serem duas bolas pretas;
b) Calcular a probabilidade de serem duas bolas brancas;
c) Calcular a probabilidade das duas bolas serem de cores diferentes.

24 No circuito elétrico dado na Fig. 1.7, em que existe tensão entre os pontos A e B, determine a probabilidade de passar corrente entre A e B, sabendo-se que a probabilidade de cada chave estar fechada é 1/2 e que cada chave está aberta ou fechada independentemente de qualquer outra.

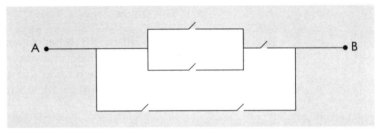

Figura 1.7

25 Um meteorologista acerta 80% dos dias em que chove e 90% dos dias em que faz bom tempo. Chove em 10% dos dias. Tendo havido previsão de chuva, qual a probabilidade de chover?

26 Três urnas A, B, C, têm, respectivamente, a seguinte composição: 2 bolas brancas e 4 pretas; 3 brancas e 2 pretas; 5 brancas e 1 preta. Uma urna é escolhida de acordo com o seguinte processo: joga-se um dado; se der 1, escolhe-se a urna A; se der 2, a B; e se der 3, a C. Se não der nem 1, nem 2, nem 3, repete-se o lançamento, etc. A seguir, retiram-se 2 bolas ao acaso da urna escolhida. Calcular a probabilidade de que essas duas bolas sejam uma branca e uma preta.

27 No experimento do problema anterior, calcular a probabilidade de que, no lançamento do dado, se obtenha ao menos uma vez o ponto 4.

28 Três máquinas A, B e C apresentam, respectivamente, 10%, 20% e 30% de defeituosos na sua produção. Se as três máquinas produzem igual quantidade de peças e retiramos duas peças ao acaso da produção global, qual a probabilidade de que ambas sejam perfeitas?

29 Uma caixa tem quatro moedas, uma das quais com duas caras. Uma moeda foi tomada ao acaso e jogada duas vezes, obtendo-se duas caras. Qual é a probabilidade de que seja a moeda com duas caras?

30 Três departamentos A, B e C de uma escola têm, respectivamente, a seguinte composição: 2 doutores, 3 mestres e 4 instrutores; 3 doutores, 2 mestres e 2 instrutores; 4 doutores, 1 mestre e 1 instrutor. Escolhe-se um departamento ao acaso e sorteiam-se dois professores. Se os professores são um instrutor e um doutor, qual a probabilidade que tenham vindo do departamento A? Do departamento B? Do departamento C?

31 Uma caixa contém 12 bolas numeradas de 1 a 12. Dois dados são lançados. A seguir, são retiradas da caixa as bolas cujos números são inferiores à soma dos pontos obtidos nos dois dados. Em seguida, uma bola é tirada ao acaso da caixa. Calcular a probabilidade de que seja a bola de número 6. Se nessa retirada saiu a bola de número 6, calcular a probabilidade de que, no lançamento dos dois dados, tenha saído um par de 2.

32 Um carro pode parar por defeito elétrico ou mecânico. Se há defeito elétrico, o carro pára na proporção 1 para 5 e, se mecânico, 1 para 20. Em 10% das viagens há defeito elétrico e em 20%, mecânico, não ocorrendo mais de um defeito na mesma viagem, igual ou de tipo diferente. Se o carro pára, qual a probabilidade de ser por defeito elétrico?

1.4 EXERCÍCIOS COMPLEMENTARES

1 Uma caixa contém 5 bolas brancas e 4 azuis. Retirando-se simultaneamente 5 bolas, dar a probabilidade de tirarmos 3 brancas e 2 azuis.

2 Para pessoas nascidas em anos não bissextos, escolhidas ao acaso, calcule as probabilidades de que

a) duas pessoas aniversariem em 11 de maio;
b) duas pessoas aniversariem em 5 de junho ou 9 de dezembro;
c) três pessoas aniversariem no mesmo dia.

3 Uma urna contém 5 bolas numeradas de 1 a 5. Retiradas duas bolas ao acaso, qual a probabilidade de que seus números sejam consecutivos ?

4 Considere uma urna com 5 bolas brancas, 4 bolas verdes e 3 bolas pretas, e um experimento que consiste em extrair 3 bolas simultaneamente.

a) Qual a probabilidade de termos uma bola de cada cor?
b) Qual a probabilidade de termos alguma bola branca?
c) Se sabemos que alguma das bolas é branca, qual a probabilidade de que pelo menos duas bolas sejam brancas?

5 Cada uma de duas pessoas joga 3 moedas honestas. Qual a probabilidade de que elas obtenham o mesmo número de caras?

6 Jogam-se dois dados. Desde que as faces mostrem números diferentes, qual a probabilidade de que uma face seja 4?

7 Considere dois eventos A e B tais que

$$P(A) = \frac{1}{4}; \qquad P(B \mid A) = \frac{1}{2}; \qquad P(A \mid B) = \frac{1}{4}.$$

a) Os eventos A e B são mutuamente excludentes?
b) Os eventos A e B sÃo independentes?
c) Calcule $P(\bar{A} \mid \bar{B}), P(\bar{A} \mid B) + P(A \mid B)$ e $P(A \mid \bar{B})$.

8 Jogando-se dois dados, duas vezes, qual a probabilidade de obtermos na primeira vez soma 2 e na segunda soma 5?

9 Um ponto é escolhido ao acaso sobre o segmento entre 2 e 3.

a) Qual a probabilidade que esteja acima de 2,7, sabendo-se que caiu dentro do segmento 2,3 a 2,9?
b) Qual a probabilidade que dois pontos escolhidos ao acaso caiam numa mesma metade do segmento?
c) Qual a probabilidade dos dois pontos escolhidos coincidirem?

10 Sabendo-se que 5% de uma população tem estatura superior a 1,80m e 15% entre 1,70 m e 1,80 m, qual a probabilidade de uma pessoa com mais de 1,70 m ter mais que 1,80 m?

1.4 — EXERCÍCIOS COMPLEMENTARES

11 Jogando-se simultaneamente 5 dados, qual é a probabilidade de que um ponto qualquer ocorra 4 ou 5 vezes?

12 Demonstre que, se $P(B \mid \bar{A}) = P(B \mid A)$, então $P(B \mid A) = P(B)$*.

13 Jogando-se duas vezes um dado, qual a probabilidade de que a soma dos pontos seja ímpar? Qual essa probabilidade se a face 4 tiver sido transformada em face 5?

14 Uma caixa tem 26 bolas gravadas com as letras do alfabeto, incluindo K, W e Y. Duas pessoas extraem cinco bolas cada uma com reposição, anotando as letras observadas. Qual a probabilidade de que:

a) Nenhuma das letras coincida?
b) Quatro letras coincidam?
c) Pelo menos uma letra coincida?

15 Os lugares de 6 pessoas em uma mesa circular são determinados por sorteio. Qual a probabilidade de que Aristeu e Ferdinando se sentem lado a lado?

16 Têm-se 5 moedas, sendo 3 perfeitas e 2 com duas caras.

a) Escolhidas três moedas ao acaso, calcule a probabilidade de que exatamente duas sejam perfeitas.
b) Jogando duas dessas moedas escolhidas ao acaso, calcule a probabilidade de não dar nenhuma cara.
c) Se uma dessas moedas foi jogada duas vezes, tendo saído duas caras, calcule a probabilidade de que essa moeda seja perfeita.

17 Calcular a probabilidade de que um mês de janeiro tenha 5 domingos. Idem, para um mês de fevereiro que não seja de ano com final 97, 98, 99 ou 00.

18 Um círculo está inscrito em um quadrado. Se um inseto pousar totalmente ao acaso dentro do quadrado, qual a probabilidade de que ele também pouse dentro do círculo?

---

*Este resultado justifica a forma adotada em 1.1.5 para a definição de eventos independentes

19 Numa urna foram colocadas 4 bolas de acordo com o seguinte sistema: joga-se uma moeda, se der cara, coloca-se uma bola branca, se der coroa, uma bola preta. Qual a probabilidade de que a urna contenha exatamente 3 bolas brancas? Se a primeira bola colocada foi branca, qual a probabilidade de que a urna contenha pelo menos duas bolas brancas?

20 Sabendo-se que 20% das peças produzidas por um processo apresentam defeito tipo I, 10% defeito tipo II, e 25% pelo menos um dos dois defeitos, qual a probabilidade de uma peça ter os dois defeitos?

21 Um método A de diagnóstico de certa enfermidade dá resultado positivo para 80% dos portadores da enfermidade e para 10% dos sãos. Um método B de diagnóstico da mesma enfermidade dá positivo para 70% dos portadores e para 5% dos sãos. Se 15% da população são portadores da dita enfermidade, calcular a probabilidade

a) de uma pessoa fornecer resultado positivo pelos dois métodos.

b) de, entre duas pessoas enfermas, pelo menos uma fornecer resultado positivo por algum método.

22 O farol A fica aberto 20 seg/min; o farol B, 30 seg/min e o farol C, 40 s/min. Estando os faróis bastante espaçados, qual a probabilidade de um motorista encontrar

a) todos os faróis abertos?

b) pelo menos um farol fechado?

c) apenas um farol aberto?

23 Duas pessoas se submetem independentemente ao experimento de colocar ao acaso 4 peças sobre as casas pretas não laterais de um tabuleiro de xadrez. Calcular a probabilidade de que haja coincidência entre

a) pelo menos uma casa escolhida;

b) exatamente duas casas escolhidas.

24 Há duas urnas: U_1 com 5 bolas brancas e 3 pretas; U_2 com 6 bolas brancas e 4 bolas prelas.

a) Sorteando-se equiprobabilisticamente uma bola de cada urna, qual é a probabilidade de ambas serem da mesma cor?

b) Se a probabilidade de sortearmos a urna U_1 for 3/5 e a de sortearmos a urna U_2 for 2/5 e se uma urna for sorteada e dela retiradas duas bolas com reposição, qual é a probabilidade de ambas serem da mesma cor ?

25 Uma pessoa tem quatro chaves aparentemente iguais, mas apenas uma abre a porta. Qual a probabilidade de que sejam necessárias mais de três tentativas para abrir a porta se as chaves

a) são misturadas novamente após cada tentativa falha?
b) são separadas após cada tentativa falha?

26 Uma classe contém 12 estudantes do sexo masculino e 8 do sexo feminino. Dois estudantes são selecionados ao acaso sem reposição. Determinar as probabilidades dos eventos MM, FM, MF, FF.

a) Qual é o evento mais provável?
b) Qual é o número mais provável de indivíduos do sexo masculino obtido ?
c) Qual a probabilidade que exatamente um estudante do sexo feminino seja escolhida dado que

i) o primeiro estudante escolhido é do sexo masculino;
ii) pelo menos um estudante selecionado é do sexo feminino.

27 Uma urna contém 4 bolas brancas, 2 pretas e 2 vermelhas. Uma segunda urna contém 2 bolas brancas, 5 pretas e 3 vermelhas. Pergunta-se

a) qual a probabilidade de què, em 3 retiradas simultâneas da primeira urna, saiam 2 bolas brancas?
b) retirando-se duas bolas de cada urna, qual a probabilidade de todas serem da mesma cor?

28 Qual a probabilidade, em três retiradas sem reposição de uma carta de um baralho completo (52 cartas, 13 de cada naipe, 3 figuras em cada naipe):

a) de retirarmos 3 ases;
b) de retirarmos 3 cartas de mesmo naipe;
c) de sair um 5, um 6 e um 9, em qualquer ordem;
d) de retirarmos um 3, um 4 e um 5 nesta ordem, sabendo-se que nenhuma das 3 cartas extraídas é figura.

29 Um jogo consiste do seguinte: dois dados são lançados simultaneamente, 4 vezes. Se em alguma destas 4 vezes a soma dos pontos dos dois dados der cinco, o jogo termina e o lançador ganha. Caso contrário, ele perde. Qual é a probabilidade de ganho do lançador?

30 A probabilidade de um atirador A acertar o alvo é 1/2. A probabilidade de um atirador B acertar o alvo é 1/3. Se cada atirador dispara 4 tiros, qual a probabilidade de

a) o atirador A não acertar nenhum tiro?
b) o atirador A acertar no mínimo 2 tiros?
c) o alvo não ser atingido?
d) pelo menos um dos atiradores acertar um único tiro?
e) um único tiro acertar o alvo?

31 Uma urna contém 7 bolas brancas e 8 bolas pretas. Extraindo-se 4 bolas ao acaso simultaneamente, qual a probabilidade de termos

a) pelo menos duas bolas brancas?
b) todas as bolas da mesma cor?
c) pelo menos duas bolas de cores diferentes?

32 Jogando uma moeda 5 vezes, calcular a probabilidade de não darem 3 caras ou 3 coroas consecutivamente.

33 Uma caixa contém 8 bolas brancas e 10 bolas pretas. Extraindo-se as bolas uma a uma sem reposicão, qual a probabilidade de que

a) a sexta bola retirada seja branca;
b) a primeira bola branca saia na terceira extração;
c) a última bola branca saia até a 16ª extração;
d) a segunda bola branca saia na 5ª extração.

34 Extraindo-se 5 cartas de um baralho completo, qual a probabilidade de que todos os naipes apareçam?

35 Uma urna contém 6 bolas brancas e 4 bolas pretas. Retirando-se 4 bolas dessa urna, qual a probabilidade de haver 3 bolas de uma mesma cor? Qual a probabilidade de, dentre as 4 bolas retiradas, haver 2 de cada cor

a) incondicionalmente?
b) se a primeira bola retirada foi branca?
c) se pelo menos duas das 4 bolas retiradas são brancas?

1.4 — EXERCÍCIOS COMPLEMENTARES

36 Numa classe com 50 alunos, nenhum dos quais nascido em 29 de fevereiro, qual a probabilidade de que pelo menos dois tenham o mesmo dia de aniversário? Indicar a solução.

37 Jogam-se 5 dados. Qual a probabilidade de que a soma dos pontos obtidos seja par?

38 Dispõe-se de 15 ampolas idênticas, das quais sabe-se que 7 contém um medicamento A e 8 contém um medicamento B. Se selecionarmos 4 ampolas ao acaso, qual a probabilidade de que tenhamos

a) pelo menos duas ampolas com medicamento A?
b) todas com o mesmo medicamento?
c) pelo menos uma ampola com cada medicamento?

39 Uma caixa tem 5 bolas brancas e 3 bolas pretas. Retiram-se simultaneamente 3 bolas da caixa e, em seguida, retiram-se mais 3 bolas da caixa. Calcular a probabilidade de que, nas duas retiradas de 3 bolas, venham iguais configurações de bolas brancas e pretas

a) havendo reposição das 3 bolas iniciais;
b) não havendo reposição.

40 Uma urna contém 7 bolas brancas e 3 pretas.

a) Três bolas são retiradas simultaneamente. Caso se verifique que uma dessas bolas é branca, qual a probabilidade de que as outras duas sejam de uma mesma cor?
b) Se as bolas forem retiradas uma a uma, qual a probabilidade de que a última preta saia em 5° lugar?

41 Um dado é viciado, de tal forma que a probabilidade de dar "6" é 1/5, sendo os demais resultados equiprováveis. Jogando-se esse dado juntamente com um dado normal, calcule a probabilidade de que

a) a soma dos pontos seja igual a 10.
b) tenha dado ponto 6 no dado viciado, sabendo que a soma dos pontos é superior a 9.

42 Considere um baralho formado apenas pelas figuras e ases. Se misturarmos dois desses baralhos e retirarmos 4 cartas ao acaso, calcule a probabilidade de que saiam

a) ao menos duas cartas iguais;
b) dois pares de duas cartas iguais.

Capítulo 1 — PROBABILIDADES

Quanto valerão estas probabilidades se soubermos que as duas primeiras cartas são

1 – do mesmo naipe,
2 – da mesma cor.

43 Uma caixa contém 5 bolas brancas e três bolas pretas. Duas bolas são retiradas simultaneamente ao acaso e substituídas por três bolas azuis. Em seguida, duas novas bolas são retiradas ao acaso da caixa.

a) Calcular a probabilidade de que essas duas últimas bolas sejam da mesma cor.

b) Se as duas últimas bolas retiradas forem uma branca e uma preta, calcular a probabilidade de que, na primeira extração, tenham saído duas bolas brancas.

44 Apertando-se aleatoriamente 6 vezes as teclas numéricas de uma máquina de calcular, qual a probabilidade de serem pressionados exatamente 4 números pares e 4 múltiplos de três?

45 Em uma sala de aula, 3 alunos estão sentados na primeira fila, 6 na segunda e 1 na terceira. Para selecionar um aluno adota-se o seguinte critério: seleciona-se uma das filas ao acaso e logo após seleciona-se um estudante dessa fila, também ao acaso.

Qual a probabilidade que o estudante selecionado seja

a) um estudante especificado da 1ª fila?
b) um estudante especificado da 2ª fila?
c) o estudante da 3ª fila?

46 Um assoalho é formado por tacos quadrados de lado l. Deixando-se cair um anel circular de diâmetro $d < l$, qual a probabilidade de que o anel fique apoiado sobre

a) um único taco?
b) dois tacos?
c) três tacos?
d) quatro tacos?

47 Dois jogadores apostam em quem vai obter em primeiro lugar o ponto seis jogando um dado, cada um jogando alternadamente. Qual a probabilidade de ganho do primeiro a jogar? E do segundo?

1.4 — EXERCÍCIOS COMPLEMENTARES

48 Dois jogadores A e B lançam alternadamente duas moedas, vencendo A o jogo se obtiver duas caras, e B se obtiver uma cara e uma coroa. Quais suas probabilidades de vitória se

a) A for o primeiro a jogar?
b) B for o primeiro a jogar?

49 Uma urna A contém 2 bolas brancas e 3 bolas pretas. Uma urna B, 1 bola branca e 2 bolas pretas. Uma bola é transferida ao acaso da urna A para a urna B. Em seguida, uma bola é transferida ao acaso da urna B para a urna A. Extraem-se, então, duas bolas ao acaso da urna A. Calcular a probabilidade de que sejam duas bolas pretas.

50 Um certo tipo de aparelho produzido por uma indústria pode apresentar três tipos de defeitos: A, B e C. O aparelho é considerado defeituoso se apresentar ambos os defeitos A e B e/ou apresentar o defeito C. Sabe-se pela experiência que as probabilidades de ocorrerem os defeitos A, B e C são, respectivamente: 0,15; 0,25 e 0,30. Sabe-se também que, havendo defeito tipo C, a probabilidade de haver defeito tipo A fica aumentada em 30% e a probabilidade de haver defeito tipo B dobra. Por sua vez, os defeitos A e B ocorrem independentemente entre si. Nessas condições, pede-se calcular

a) a probabilidade de haver pelos menos um entre os defeitos A e B;
b) a probabilidade de um aparelho ser considerado defeituoso;
c) a probabilidade de um aparelho apresentar apenas defeito tipo C;
d) se o aparelho foi considerado defeituoso, a probabilidade de que apresente defeito tipo C.

51 Dispõem-se de 10 cartões idênticos numerados de 1 a 10. Um cartão é selecionado ao acaso e a seguir, dentre os cartões com números menores ou iguais ao desse cartão, um segundo cartão é selecionado. Calcular a probabilidade de que a soma dos números dos dois cartões escolhidos não seja superior a 10.

52 Se a voltagem é baixa, a probabilidade de uma máquina produzir peça defeituosa é 0,06 e se a voltagem é boa, a probabilidade é 0,01. Em 20 % da produção a voltagem é baixa. Qual a probabilidade de uma peça boa ter sido produzida com baixa voltagem?

53 Uma dona de casa tem probabilidade 0,6 de encontrar carne no açougue se no dia anterior existia carne, e tem probabilidade 0,3 de achar se no dia anterior não existia. Qual a probabilidade de conseguir comprar carne daqui a 4 dias, sabendo que hoje é igualmente provável achar ou não carne?

54 Um jogo consiste em se lançar n moedas, sendo $n \leq 4$. Se se obtiver mais caras que coroas, ganha-se o jogo. O número de moedas a lançar é determinado da seguinte forma: joga-se um dado e considera-se n igual ao ponto do dado. Se o ponto obtido for 5 ou 6, o dado será novamente lançado, tantas vezes quanto necessário. Pede-se calcular a probabilidade de

a) que o dado tenha sido lançado mais de duas vezes para determinação de n;
b) se ganhar esse jogo.

55 Na ligação da Fig. 1.8, cada um dos 5 interruptores tem 1/3 de probabilidade de estar aberto, independentemente dos demais. Calcule a probabilidade de que os terminais A e B estejam ligados. Se os terminais A e B estiverem ligados, qual a probabilidade de o interruptor central estar aberto?

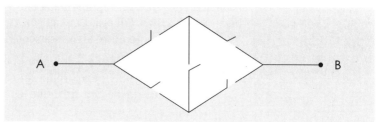

Figura 1.8

56 No circuito de Fig.1.9 é igualmente provável que a chave seletora esteja nas posições A ou B, bem como que os interruptores P, Q, R, S e T estejam abertos ou fechados. Calcular a probabilidade de que a lâmpada esteja acesa. Se a lâmpada estiver acesa, qual a probabilidade de que a chave seletora esteja na posição A?

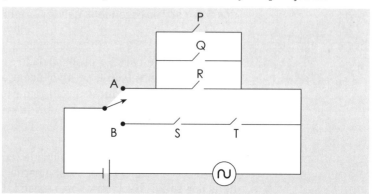

Figura 1.9

1.4 — EXERCÍCIOS COMPLEMENTARES

57 Ronaldão e Ronaldinho estão machucados e talvez não possam defender o Brasil em sua próxima partida contra a Argentina. A probabilidade de Ronaldão jogar é 40%, e a de Ronaldinho, 70%. Com ambos os jogadores, o Brasil terá 60% de probabilidade de vitória; sem nenhum deles, 30%; com Ronaldão mas sem Ronaldinho, 50%, e com Ronaldinho mas sem Ronaldão, 40%. Qual é a probabilidade de o Brasil ganhar a partida?

58 Uma cápsula espacial aproxima-se da Terra com dois defeitos: nos seus circuitos elétricos e no sistema de foguetes propulsores. O comandante considera que, até o instante do reingresso na atmosfera, existe 40% de probabilidade de reparar os circuitos elétricos e 70% de probabilidade de reparar o sistema de foguetes. Os reparos se processam independentemente. Por outro lado, os especialistas em terra consideram que as probabilidades de êxito no retorno são as seguintes

a) 90%, com os circuitos elétricos e o sistema de foguetes reparados.
b) 80%, só com o sistema de foguetes reparado.
c) 60%, só com os circuitos elétricos reparados.
d) 40%, com os circuitos elétricos e o sistema de foguetes defeituosos.

Com base nas considerações acima, qual é a probabilidade de êxito no retorno? Se o retorno se processar com êxito, qual é a probabilidade de que tenha se realizado nas condições mais adversas (ambos os sistemas não reparados)?

59 São dadas duas urnas A e B. A urna A contém uma bola preta e uma vermelha. A urna B contém duas bolas pretas e três vermelhas. Uma bola é escolhida ao acaso na urna A e colocada na urna B. Uma bola é então extraída ao acaso da urna B. Pergunta-se:

a) Qual a probabilidade de que ambas as bolas retiradas sejam da mesma cor?
b) Qual a probabilidade de que a primeira bola seja vermelha, sabendo-se que a segunda era preta?

60 Dois enxadristas A e B de igual força disputam uma série de partidas, sendo vencedor aquele que primeiro ganhar três partidas consecutivas ou que primeiro ganhar quatro partidas em qualquer ordem. Nas duas primeiras partidas o jogador A conseguiu duas vitórias. Qual a probabilidade de que A seja o vencedor da série, considerando-se que estes dois jogadores costumam empatar 40% das partidas que jogam entre si?

61 Para um determinado telefone, a probabilidade de se conseguir linha é 3/4 em dias normais e 1/4 em dias de chuva. A probabilidade de chover em um dia é 1/10. Além disso, tendo-se conseguido linha, a probabilidade de que o número chamado esteja ocupado é 11/21.

a) Qual a probabilidade de que um telefonema tenha sua ligação completada ?

b) Qual a probabilidade de que em dois telefonemas apenas um seja completado ?

c) Dado que um telefonema foi completado, qual a probabilidade de estar chovendo?

62 A urna A contém 5 bolas brancas e 3 pretas; a urna B, 4 brancas e 2 pretas; a urna C, 2 brancas e 6 pretas. Retirando-se simultaneamente duas bolas de cada urna, calcule a probabilidade de que as seis bolas retiradas não sejam da mesma cor. Se uma urna é escolhida com probabilidade proporcional ao número de bolas que contém e dela são retiradas três bolas ao acaso, sem reposição, calcule a probabilidade de que as três sejam da mesma cor.

63 Em uma caixa existem duas moedas honestas, uma que dá cara 75% das vezes e uma com duas caras.

a) Uma moeda foi retirada ao acaso e jogada duas vezes, dando duas caras. Qual a probabilidade de que seja uma moeda honesta?

b) Duas moedas foram retiradas simultaneamente ao acaso e, jogadas, deram uma cara e uma coroa. Qual a probabilidade de que pelo menos uma delas não seja honesta?

64 A probabilidade de se chegar ao estacionamento antes das 8 horas é 0,40. Nessas condições, a probabilidade de encontrar lugar é 0,60 e, chegando depois das 8 horas, é 0,30.

a) Qual a probabilidade de estacionar?

b) Sabendo-se que uma pessoa, em 3 dias, chegou duas vezes antes das 8 horas, qual a probabilidade de ter estacionado em pelo menos um dia?

c) Qual a porcentagem, entre os carros que estão estacionados, dos que chegaram antes das 8 horas?

65 Num julgamento estima-se que a probabilidade de Mário ser culpado é 0,2. São chamadas duas testemunhas. Se Mário realmente for culpado, Alberto dirá que é culpado, e Carlos dirá que é culpado

1.4 — EXERCÍCIOS COMPLEMENTARES

com probabilidade 0,6. Se Mário for inocente, Alberto dirá com probabilidade 0,3 que é inocente, e Carlos dirá certamente que é inocente.

a) Qual a probabilidade de Alberto dizer que Mário é inocente?
b) Qual a probabilidade de Mário ser inocente se Carlos disse que é inocente ?
c) Qual a probabilidade das duas testemunhas afirmarem a mesma coisa ?
d) Qual a probabilidade de Alberto mentir?

66 Um paciente deve escolher entre 3 médicos e sabe que a probabilidade de se recuperar é de 0,9; 0,8; 0,7, dependendo do médico, mas não sabe associar essas probabilidades ao médico correspondente.

a) Qual a probabilidade de se recuperar?
b) Sabendo que dois pacientes do médico A, nas mesmas condições, se recuperaram, qual a probabilidade que A seja o melhor médico?

67 Numa urna existem dados tipo A e tipo B. Os dados tipo A têm 2 faces brancas e 4 faces vermelhas e os tipo B têm 4 faces brancas e duas vermelhas. Depois de uma grande série de jogadas verificou-se que a probabilidade de um dado retirado ao acaso fornecer face branca é 5/9. Se forem retirados 5 dados com reposição, qual a probabilidade de mais de 2 serem do tipo A ?

68 Uma caixa contém 3 moedas, sendo uma viciada, com probabilidade de sair cara igual 1/3. João escolhe uma, lança e sai cara. José coloca a moeda na caixa, escolhe ao acaso uma das três, lança e sai coroa. Qual a probabilidade que nem João nem José tenham escolhido a moeda viciada?

69 No jogo de *crap*, um dos jogadores lança um par de dados. Se a soma dos pontos for 7 ou 11, ele ganha; se for 2, 3 ou 12, ele perde. Caso contrário, ele continuará lançando sucessivamente os dois dados até repetir a soma de pontos da primeira jogada, caso em que ganha, ou até sair soma 7, caso em que perde. Qual a probabilidade de vitória desse jogador?

70 Uma urna contém uma bola branca e uma bola preta. Retira-se uma bola ao acaso e recoloca-se essa bola na urna juntamente com outra bola da mesma cor. Repete-se em seguida esse procedimento mais duas vezes. Qual a probabilidade de que a terceira bola retirada seja preta? Se a segunda bola retirada é preta, qual a probabilidade de que a primeira bola tenha sido preta? Se foram retiradas 2 bolas pretas e uma branca, qual a probabilidade de que a segunda bola retirada tenha sido preta?

71 Uma agulha de comprimento d é jogada ao acaso sobre um chão onde existem linhas paralelas distanciadas de l, $d < l$. Mostre que a probabilidade de a agulha interceptar alguma linha é $2d/\pi l$*.

72 Um triângulo de lados $a \leq b \leq c$ é deixado cair ao acaso sobre um chão onde existem linhas paralelas distanciadas de l, $c < l$. Mostre, tendo em vista o resultado do problema anterior, que a probabilidade de o triângulo interceptar alguma linha é $(a + b + c)/\pi l$.

73 Um torneio de tênis será disputado entre oito tenistas pelo sistema de eliminatória simples. As probabilidades de vitória em confrontos individuais são proporcionais a 2, 3, 4, 2, 3, 6, 1 e 4 para os tenistas A, B, C, D, E, F, G e H, respectivamente. A tabela foi elaborada como segue:

jogo 1 – A × B;
jogo 2 – C × D;
jogo 3 – E × F;
jogo 4 – G × H;
jogo 5 – vencedor do jogo 1 × vencedor do jogo 2;
jogo 6 – vencedor do jogo 3 × vencedor do jogo 4;
jogo 7 – vencedor do jogo 5 × vencedor do jogo 6.

Será campeão o vencedor do jogo 7. Qual a probabilidade de que o tenista A seja o campeão?

74 Um ponto x é escolhido ao acaso sobre o segmento unitário 0—1. A seguir, outro ponto y é escolhido ao acaso sobre o segmento 0—x. Dado k, $0 < k < 1$, calcule a probabilidade de y pertencer ao segmento 0—k.

75 Dentre as várias atividades que compõem um projeto, as atividades F, G e H são críticas. Atrasos nessas atividades podem determinar atraso no projeto. Essas atividades estão relacionadas da seguinte forma, com os respectivos tempos de duração normal, em semanas:

---

*A solução desse problema emprega o cálculo integral. Idem do n° 74.

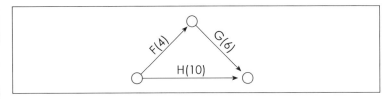

Considera-se que a probabilidade de haver atraso na atividade F é 0,2 e na H é 0,3. A probabilidade de haver atraso na atividade G é 0,1 dado que não tenha havido atraso na atividade F, mas se esta for realizada com atraso, então a probabilidade de G atrasar é 0,4.

a) Qual a probabilidade de haver atraso no projeto?
b) Qual a probabilidade da atividade G terminar com atraso?
c) Se o projeto atrasou, qual a probabilidade de que tenha havido atraso em F? Em G? Em H? Só em F? Só em G? Só em H? Em F e G? Só em F e G? Em F, G e H?
d) Dado que não houve atraso no projeto, qual a probabilidade de ter havido atraso na atividade F?

76 Um investidor está considerando duas possíveis maneiras de aplicar $R\$ 100.000,00$ por um ano:

a) Comprar títulos de prazo e renda fixos, que renderão após um ano 12%
b) Comprar ações na Bolsa de Valores e desfazer-se delas após um ano.

Ele acha que a Bolsa poderá permanecer em apenas um dos três estados de espírito abaixo, durante os próximos doze meses. A probabilidade que atribui a cada um dos estados também é dada. A valorização das ações decorrido um ano, expressa por um fator de valor futuro, depende do estado de espírito da Bolsa, como se indica a seguir.

Estado de espírito	Probabilidade	Fator de valor futuro
Fossa	0,20	0,70
Statu quo	0,75	1,20
Histeria	0,05	2,00

Qual deve ser a decisão de um investidor que se baseia na maximização do valor esperado? Qual o seu ganho esperado com essa decisão?

2 — VARIÁVEIS ALEATÓRIAS UNIDIMENSIONAIS

2.1 RESUMO TEÓRICO

1. Variáveis aleatórias discretas

Podemos considerar funções que associam números reais aos eventos de um espaço amostral. Tais funções são ditas ***variáveis aleatórias***. Isso equivale a descrever os resultados de um experimento aleatório por meio de números ao invés de palavras, o que apresenta a vantagem de possibilitar melhor tratamento matemático, inclusive através de parâmetros, conforme veremos a seguir.

Assim, por exemplo, se o experimento consistir em jogar um dado e considerarmos a seguinte função

X = "o dobro do ponto obtido menos um",

X definirá uma variável aleatória que poderá assumir os valores 1, 3, 5, 7, 9 ou 11 com probabilidades todas iguais a 1/6. Ou então, se jogarmos quatro moedas honestas e definirmos

Y = "o número de caras obtidas",

Y será uma variável aleatória que poderá assumir os valores 0, 1, 2, 3 ou 4 com probabilidades respectivamente iguais a 1/16, 4/16, 6/16, 4/16 e 1/16, conforme facilmente se conclui do espaço amostral apresentado em 1.1.1.

Nos exemplos dados, ficam definidas as ***distribuições de probabilidade***, que podem ser perfeitamente caracterizadas pelas Tabs. 2.1 e 2.2.

Tabela 2.1		Tabela 2.2	
x	$P(x)$	y	$P(y)$
1	1/6	0	1/16
3	1/6	1	4/16
5	1/6	2	6/16
7	1/6	3	4/16
9	1/6	4	1/16
11	1/6		

Vemos que cada variável aleatória tem associada a si uma distribuição de probabilidade, cujo conhecimento é necessário para a perfeita caracterização do seu comportamento.

Os exemplos vistos correspondem a ***variáveis aleatórias discretas***, em que os possíveis valores da variável formam um conjunto enumerável de valores. Em tais casos, a distribuição de probabilidade é caracterizada por uma ***função probabilidade***, que associa probabilidades não nulas aos possíveis valores da variável aleatória, e zero aos demais valores. A função probabilidade pode ser dada por uma tabela, conforme vimos, por um gráfico ou por uma expressão analítica, conforme se verá na seqüência.

A obtenção da função probabilidade no caso de variáveis aleatórias discretas é feita, em geral, diretamente através do cálculo das probabilidades dos eventos no espaço amostral original do experimento.

Usaremos letras maiúsculas para designar genericamente as variáveis aleatórias, e letras minúsculas para particulares valores por elas assumidos. Por exemplo: $P(X = a)$ ou, simplesmente $P(a)$.

2. Variáveis aleatórias contínuas

Vamos agora ampliar a idéia de variável aleatória para o caso em que os possíveis resultados do experimento são representados pelos infinitos valores de um intervalo contínuo. Teremos então uma ***variável aleatória contínua***, ou seja, uma variável que, em uma certa faixa, pode assumir qualquer valor dentre um conjunto contínuo de possíveis valores.

Por exemplo, se considerarmos um ponteiro que gira livremente sobre um disco horizontal fixo sobre o qual existe uma marca de referência, podemos considerar como variável aleatória o ângulo entre a posição de parada do ponteiro e a marca de referência, medido num dado sentido. Teremos então uma variável aleatória contínua que poderá assumir qualquer valor entre 0 e 360 graus. Ou então, se considerarmos a idade exata de vida de pessoas, teremos uma variável aleatória contínua que poderá assumir valores de 0 até um limite superior indeterminado, e com uma concentração de valores não uniforme ao longo da faixa possível.

Nos exemplos dados, abstraídas as limitações práticas referentes à precisão de medida dos dados, questão que é tratada pela Estatística, temos variáveis contínuas, que podem assumir uma infinidade de possíveis valores em determinadas faixas. Assim sendo, a probabilidade correspondente a cada possível valor individualmente considerado passa a ser zero, o que, neste caso, não mais significa resultado impossível.

Conseqüentemente, no caso das variáveis contínuas, somente terão interesse as probabilidades de que a variável aleatória assuma valores em dados intervalos. Tais probabilidades poderão ser determinadas com o conhecimento da distribuição de probabilidade da variável aleatória.

3. Função densidade de probabilidade

No caso de uma variável aleatória contínua, a distribuição de probabilidade será caracterizada por sua **função de densidade de probabilidade**, que designaremos por uma letra minúscula, a qual deverá obedecer às seguintes propriedades

a) $\quad f(x) \geq 0;$ $\hfill (2.1)$

b) $\quad \int_a^b f(x)dx = P(a < X \leq b),\ b > a;$ $\hfill (2.2)$

c) $\quad \int_{-\infty}^{+\infty} f(x)dx = 1.$ $\hfill (2.3)$

A primeira propriedade decorre do fato de não haver probabilidade negativa. A segunda indica que a probabilidade de a variável aleatória assumir valor em um intervalo será dada pela integral da função nesse intervalo. Interpretada geometricamente, essa propriedade estabelece que a probabilidade correspondente a um intervalo será dada pela área determinada por esse intervalo sob o gráfico da função densidade de probabilidade. A terceira propriedade, que pode ser considerada como decorrente da segunda, diz que a área total sob o gráfico da função é unitária.

A forma geométrica da função densidade de probabilidade irá caracterizar a distribuição de probabilidade no caso das variáveis aleatórias contínuas, e o gráfico da função dará uma idéia visual de como deverá ser o seu comportamento.

Resultados impossíveis, no caso das variáveis aleatórias contínuas, serão caracterizados por uma função densidade de probabilidade nula no intervalo considerado.

Tomemos como exemplo a variável aleatória contínua, definida pela seguinte função densidade de probabilidade

$f(x) = 0$ para $x < 0$;
$f(x) = kx$ para $0 \leq x \leq 2$;
$f(x) = 0$ para $x > 2$.

O gráfico dessa função densidade é dado na Fig.2.1.

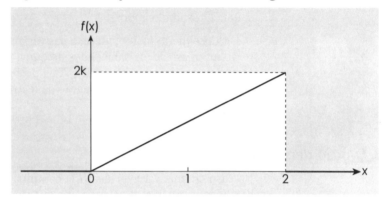

Figura 2.1
Função densidade de probabilidade

Ora, para que a propriedade **c** seja satisfeita, a área do triângulo compreendido entre 0 e 2 deve ser unitária. Como essa área é igual a $2k$, resulta imediatamente que $k = 1/2$, ou seja,

$$f(x) = \frac{x}{2} \quad para \ 0 \leq x \leq 2.$$

Por outro lado, pela propriedade **b** podemos obter as probabilidades de a variável aleatória X assumir valor em qualquer intervalo. Por exemplo, vemos facilmente que

$$P(X \leq 1) = P(0 \leq X \leq 1) = \frac{1}{4}.$$

4. Função de repartição ou de distribuição

Uma maneira alternativa pela qual podemos caracterizar a distribuição de probabilidade de uma variável aleatória é através da sua **função de repartição** ou **de distribuição**, que designaremos pela letra maiúscula correspondente à minúscula usada para a função densidade. Esta função dá a probabilidade acumulada em cada ponto, sendo definida por

$$F(a) = P(X \leq a)*$$ (2.4)

Trata-se, portanto, de uma função que fornece, para qualquer ponto considerado, a probabilidade de que a variável aleatória assuma um valor menor ou igual que o correspondente a esse ponto. Assim, para as variáveis discretas,

$$F(a) = \sum_{x_i \leq a} P(x_i)$$ (2.5)

e para as contínuas,

$$F(a) = \int_{-\infty}^{a} f(x)dx.$$ (2.6)

Logo, conhecida a função probabilidade de uma variável aleatória discreta ou a função densidade de probabilidade de uma variável aleatória contínua, podemos determinar sua função de repartição.

Inversamente, conhecida a função de repartição, podemos determinar a função probabilidade ou densidade de probabilidade, conforme o caso. Para tanto, no caso discreto, basta verificar os pontos de descontinuidade da função de repartição (veja o exemplo a seguir).

No caso contínuo, a função densidade será obtida por derivação da função de repartição, o que é fácil de se perceber, uma vez que $F(x)$ resulta da integração de $f(x)$.

Uma vantagem da função de repartição é poder caracterizar a distribuição de probabilidade de variáveis aleatórias discretas ou contínuas, indistintamente.

Há também o caso de variáveis mistas, cuja distribuição é em parte discreta e em parte contínua. Sua caracterização só pode ser adequadamente feita através do uso da função de repartição. Constitui exemplo típico de variável mista o tempo de espera em postos de atendimento, que pode ser nulo se o posto estiver livre no instante da chegada do usuário, ou um valor positivo contínuo caso contrário. Ver, a propósito, o exercício resolvido nº 7.

No caso da variável aleatória discreta X definida em 2.1.1, a função de repartição será

---

*É comum denotar-se equivalentemente $F(x) = P(X \leq x)$.

$F(x) = 0$ para $x < 1$;
$F(x) = 1/6$ para $1 \le x < 3$;
$F(x) = 2/6$ para $3 \le x < 5$;
$F(x) = 3/6$ para $5 \le x < 7$;
$F(x) = 4/6$ para $7 \le x < 9$;
$F(x) = 5/6$ para $9 \le x < 11$;
$F(x) = 1$ para $x \ge 11$.

O gráfico dessa função é dado na Fig. 2.2.

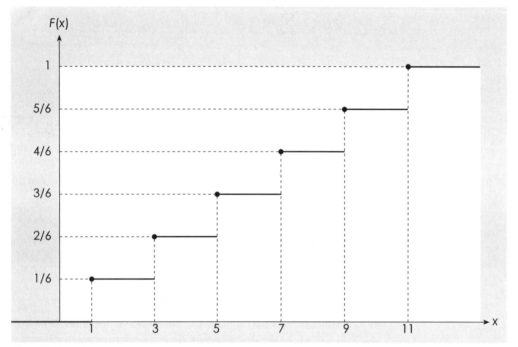

Figura 2.2

Vemos que o gráfico assume uma forma de escada, cujos degraus aparecem nos pontos onde há probabilidade concentrada, e os saltos da função correspondem a essas probabilidades.

Por sua vez, no caso da variável aleatória contínua definida em 2.1.3, a função de repartição será

$F(x) = 0$ para $x < 0$;
$F(x) = 1/2\ kx^2$ para $0 \le x \le 2$;
$F(x) = 1$ para $x > 2$;

onde $k = 1/2$, conforme já vimos.

É fácil perceber que a função de repartição goza das seguintes propriedades:

a) $0 \le F(x) \le 1$;
b) $F(-\infty) = 0$;
c) $F(+\infty) = 1$;
d) $F(x)$ é sempre não-decrescente;
e) $F(b) - F(a) = P(a < X \le b), b > a$;
i) $F(x)$ é contínua à direita de qualquer ponto;
g) $F(x)$ é descontínua à esquerda dos pontos com probabilidade positiva.

5. Parâmetros de posição

Definiremos a seguir alguns valores, denominados **parâmetros de posição**, que contribuem para bem localizar a distribuição de probabilidade em questão.

A ***Média, ou expectância, ou esperança matemática ou valor esperado***. Será denotada por μ ou E, e definida por

$$\mu = E(X) = \sum_i x_i P(x_i),$$

(2.7)

para as variáveis discretas, e por

$$\mu = E(X) = \int_{-\infty}^{+\infty} x \cdot f(x) \cdot dx,$$

(2.8)

para as variáveis contínuas.

A média é em geral usada para a caracterização do centro da distribuição. Indica também qual o valor para a qual deve tender a média aritmética de valores da variável aleatória obtidos a longo prazo.

Fazendo-se uma analogia de massa, a média corresponde ao cento de gravidade da distribuição.

A média é um parâmetro de grande importância, gozando das seguintes propriedades, que citaremos sem demonstração:

a) A média de uma constante é igual à própria constante

$$E(k) = k, k = \text{constante}$$

(2.9)

b) Se multiplicarmos os valores de uma variável aleatória por uma constante, a média fica multiplicada por essa constante

$$E(kX) = kE(X)$$

(2.10)

c) A média de uma soma ou diferença de variáveis aleatórias é igual à soma ou diferença das médias dessas variáveis

$$E(X \pm Y) = E(X) \pm E(Y).$$

(2.11)

Observação. A soma ou diferença de variáveis aleatórias é um caso particular de função de variáveis aleatórias, assunto que é abordado no Cap. 3. Entretanto, acreditamos que a idéia envolvida fica clara através do Exerc. 2.2.1 resolvido.

d) Se somarmos ou subtrairmos uma constante aos valores de uma variável aleatória, a média fica acrescida ou diminuída dessa constante.

$$E(X \pm k) = E(X) \pm k \qquad (2.12)$$

e) A média do produto de duas variáveis aleatórias *independentes* é igual ao produto das médias dessas variáveis

$$E(X \cdot Y) = E(X) \cdot E(Y) \qquad (2.13)$$

Observação. A idéia de variáveis aleatórias **independentes** é análoga à de eventos independentes, vista no Cap. 1. Podemos, para efeito de raciocínio, considerar que duas variáveis aleatórias são independentes quando a ocorrência de qualquer valor de uma delas em nada afeta a distribuição de probabilidade da outra e vice-versa. Uma definição mais rigorosa será dada em 3.1.5.

B *Mediana*. É um ponto definido segundo a idéia de dividir a distribuição de probabilidade em duas partes equiprováveis. Denota-la-emos por ***md***. Será, pois, um ponto tal que

$$P(X < md) = P(X > md) = 0{,}5,$$

quando tal ponto existir. Isto ocorre sempre no caso contínuo, em que a mediana pode também ser definida como o ponto tal que $F(md) = 0{,}5$. No caso discreto*, quando a condição acima subsistir, haverá todo um intervalo cujos pontos satisfazem a ela, convencionando-se em geral adotar o ponto médio desse intervalo. Caso a condição acima não subsista, a mediana será o menor valor para o qual $F(md) > 0{,}5$.

A mediana representa uma forma alternativa de caracterização do centro da distribuição.

A idéia de mediana pode ser generalizada, imaginando-se a distribuição dividida em várias partes equiprováveis. Tem-se, assim, os quartis (4 partes), decis (10 partes), percentis (100 partes), etc.

C ***Moda***. É (são) o(s) ponto(s) de maior probabilidade, no caso discreto, ou de maior densidade de probabilidade, no caso contínuo. Tem-se, portanto, um parâmetro que indica a região mais provável da distribuição. Designaremos a moda por ***m_0***.

---

*As vezes, também, no caso contínuo

6. Parâmetros de dispersão

Estes parâmetros caracterizam a variabilidade das variáveis aleatórias, sendo também de grande importância, notadamente a variância e o desvio-padrão, abaixo definidos.

A   ***Variância***. Será denotada por $\sigma^2(X)$ ou, simplesmente, σ^2, e definida genericamente por

$$\sigma^2(X) = E[(X-\mu)^2], \tag{2.14}$$

onde $E(X)$ é indicada simplesmente por μ.

A aplicação da definição de expectância ou média à expressão acima* leva a que, no caso discreto, a variância poderia ser definida por

$$\sigma^2(X) = \sum_i (x_i - \mu)^2 \cdot P(x_i) \tag{2.15}$$

e no caso contínuo por

$$\sigma^2(X) = \int_{-\infty}^{+\infty} (x-\mu)^2 \cdot f(x)dx. \tag{2.16}$$

Entretanto, a expressão da definição pode ser escrita na forma

$$\sigma^2(X) = E(X^2) - [E(X)]^2, \tag{2.17}$$

que é em geral mais apropriada ao cálculo, sendo que $E(X^2)$ é calculada, no caso discreto, por

$$E(X^2) = \sum_i x_i^2 \cdot P(x_i) \tag{2.18}$$

e, no caso contínuo, por

$$E(X^2) = \int_{-\infty}^{+\infty} x^2 \cdot f(x)dx. \tag{2.19}$$

As principais propriedades da variância são

a)   A variância de uma constante é nula

$$\sigma^2(k) = 0 \tag{2.20}$$

---

*A definição de expectância de uma função de variável aleatória é apresentada em 3.1.1

b) Se multiplicarmos todos os valores de uma variável aleatória por uma constante, sua variância fica multiplicada pelo quadrado da constante

$$\sigma^2(kX) = k^2 \cdot \sigma^2(X) \tag{2.21}$$

c) A variância de uma soma ou diferença de variáveis aleatórias **independentes** é igual à soma das variâncias dessas variáveis

$$\sigma^2(X \pm Y) = \sigma^2(X) + \sigma^2(Y) \tag{2.22}$$

d) Se somarmos ou subtrairmos uma constante aos valores de uma variável aleatória, sua variância permanece inalterada

$$\sigma^2(X \pm k) = \sigma^2(X). \tag{2.23}$$

B *Desvio-padrão*. É a raiz quadrada da variância, denotado por $\sigma(X)$ ou, simplesmente, σ. Tem sobre a variância as vantagens de ser mais representativo ao se compararem dispersões, e de ser expresso na mesma unidade de medida da variável. Suas propriedades decorrem das da variância.

C *Coeficiente de variação*. É definido como o quociente entre o desvio-padrão e a média, ou seja

$$\textbf{c.v.} = \frac{\sigma}{\mu}. \tag{2.24}$$

É usado quando se deseja ter uma idéia da dispersão relativa.

D *Amplitude*. É dada pela diferença entre o maior e o menor valores possíveis da variável. É um parâmetro de dispersão pouco útil no cálculo de probabilidades. Denota-lo-emos por **R**.

7. Parâmetros de assimetria e achatamento

Outros parâmetros às vezes usados são os chamados **parâmetros de assimetria e achatamento**, que dizem respeito à caracterização da forma da distribuição. Por serem de pouca valia ao Cálculo de Probabilidades, não nos deteremos em seu estudo.

8. Desigualdades de Tchebycheff e Camp-Meidell

Pode-se demonstrar que, para qualquer distribuição de probabilidade que possua média e desvio-padrão,

$$P(|X - \mu| \geq k\sigma) \leq \frac{1}{k^2},$$

(2.25)

relação conhecida como desigualdade de Tchebycheff.

Por outro lado, se a distribuição for unimodal e simétrica, então

$$P(|X - \mu| \geq k\sigma) \leq \frac{4}{9k^2},$$

(2.26)

denominada desigualdade de Camp-Meidell.

2.2 EXERCÍCIOS RESOLVIDOS

1 Dois dados são lançados. Determinar a função probabilidade e a função de repartição da variável aleatória Z, soma dos pontos obtidos. Determinar a média, mediana, moda, variância, desvio-padrão, coeficiente de variação e amplitude dessa distribuição.

Solução O espaço amostral do lançamento de dois dados já foi visto em 1.1.1. Como cada resultado desse espaço amostral tem probabilidade 1/36, é fácil perceber, verificando a soma de pontos em cada caso, que a distribuição de probabilidade desejada é a seguinte, dada por sua função probabilidade

z	$P(z)$
2	1/36
3	2/36
4	3/36
5	4/36
6	5/36
7	6/36
8	5/36
9	4/36
10	3/36
11	2/36
12	1/36
	1

Logo, a função de repartição será

$$
\begin{array}{lll}
F(z) = 0 & \text{para} & z < 2; \\
F(z) = 1/36 & \text{para} & 2 \le z < 3; \\
F(z) = 3/36 & \text{para} & 3 \le z < 4; \\
F(z) = 6/36 & \text{para} & 4 \le z < 5; \\
F(z) = 10/36 & \text{para} & 5 \le z < 6; \\
F(z) = 15/36 & \text{para} & 6 \le z < 7; \\
F(z) = 21/36 & \text{para} & 7 \le z < 8; \\
F(z) = 26/36 & \text{para} & 8 \le z < 9; \\
F(z) = 30/36 & \text{para} & 9 \le z < 10; \\
F(z) = 33/36 & \text{para} & 10 \le z < 11; \\
F(z) = 35/36 & \text{para} & 11 \le z < 12; \\
F(z) = 1 & \text{para} & z \ge 12.
\end{array}
$$

Devido à simetria da distribuição, é fácil perceber que sua média e sua mediana são iguais a 7, que é também a moda, por ter a maior probabilidade. Entretanto, a título de ilustração, calcularemos a média de outra forma.

Seja X o ponto do primeiro dado e Y o ponto do segundo dado. É claro que X e Y serão variáveis aleatórias independentes e "identicamente distribuídas", isto é, com a mesma distribuição de probabilidade. Temos que

$$
E(X) = \sum_i x_i P(x_i) = 1 \cdot \frac{1}{6} + 2 \cdot \frac{1}{6} + 3 \cdot \frac{1}{6} + 4 \cdot \frac{1}{6} + 5 \cdot \frac{1}{6} + 6 \cdot \frac{1}{6} = 3,5.
$$

Logo, também $E(Y) = 3,5$. De (2.11), resulta

$$
E(Z) = E(X + Y) = E(X) + E(Y) = 3,5 + 3,5 = 7.
$$

Para o cálculo de $\sigma^2(Z)$ usaremos analogamente a propriedade da variância de uma soma de variáveis aleatórias independentes, expressa por (2.22). Temos que

$$
E(X^2) = \sum_i x_i^2 P(x_i) = 1 \cdot \frac{1}{6} + 4 \cdot \frac{1}{6} + 9 \cdot \frac{1}{6} + 16 \cdot \frac{1}{6} + 25 \cdot \frac{1}{6} + 36 \cdot \frac{1}{6} = \frac{91}{6}.
$$

Logo, conforme (2.17),

$$
\sigma^2(X) = \frac{91}{6} - (3,5)^2 = \frac{91}{6} - \left(\frac{7}{2}\right)^2 = \frac{35}{12},
$$

$$
\therefore \sigma^2(Y) = \sigma^2(X) = \frac{35}{12},
$$

$$
\therefore \sigma^2(Z) = \sigma^2(X) + \sigma^2(Y) = \frac{35}{12} + \frac{35}{12} = \frac{35}{6}.
$$

2.2 — EXERCÍCIOS RESOLVIDOS

Quanto aos demais parâmetros, temos

$$\sigma(Z) = \sqrt{\frac{35}{6}} \cong 2,415;$$

$$c.v. = \frac{\sigma}{\mu} = \frac{2,415}{7} \cong 0,345 = 34,5\%;$$

$$R = 12 - 2 = 10.$$

2 Calcular a média, mediana, moda e desvio-padrão da variável aleatória discreta definida pela seguinte função probabilidade

x	$P(x)$
250	0,10
253	0,35
256	0,30
259	0,15
262	0,05
265	0,05
	1,00

Solução É imediato verificar que a moda é 253, e que a mediana deve ser 256, por ser o menor valor para o qual $F(x) > 0,5$.

O cálculo da média e variância é feito completando-se a tabela anterior com mais duas colunas, conforme mostrado na Tab. 2.3. A essa tabela agregamos os valores das probabilidades expressas em porcentagens, que poderiam ser eventualmente usados para o cálculo via calculadoras eletrônicas.

		Tabela 2.3[*]		
x	$P(x)$	$x \cdot P(x)$	$x^2 P(x)$	$P(x) \cdot 100\%$
250	0,10	25,00	6.250,00	10
253	0,35	88,55	22.403,15	35
256	0,30	76,80	19.660,80	30
259	0,15	38,85	10.062,15	15
262	0,05	13,10	3.432,20	5
265	0,05	13,25	3.511,25	5
	1,00	255,55	65.319,55	100

_____

* Note-se que a 4ª coluna é obtida diretamente pelo produto da da 1ª pela 3ª.

O valor $\mu = E(X) = 255,55$ é dado diretamente na tabela, onde se tem também $E(X^2) = 65.319,55$. A variância se calcula aplicando (2.17):

$$\sigma^2(X) = 65.319.55 - (255,55)^2 = 13,7475$$
$$\therefore \sigma(X) = \sqrt{13,7475} \cong 3,708$$

3   Uma urna contém 5 bolas brancas e 7 bolas pretas. Três bolas são retiradas simultaneamente dessa urna. Qual a distribuição de probabilidade do número de bolas brancas retiradas? Se ganharmos R\$ 2,00 por bola branca retirada e perdermos R\$ 1,00 por bola preta retirada, até quanto vale a pena pagar para entrar nesse jogo?

Solução   Do cálculo de probabilidades temos que

$$P(0 \text{ brancas}) = \frac{7}{12} \cdot \frac{6}{11} \cdot \frac{5}{10} = \frac{7}{44};$$

$$P(1 \text{ brancas}) = 3 \cdot \frac{5}{12} \cdot \frac{7}{11} \cdot \frac{6}{10} = \frac{21}{44};$$

$$P(2 \text{ brancas}) = 3 \cdot \frac{5}{12} \cdot \frac{4}{11} \cdot \frac{6}{10} = \frac{14}{44};$$

$$P(3 \text{ brancas}) = \frac{5}{12} \cdot \frac{4}{11} \cdot \frac{3}{10} = \frac{2}{44}.$$

Portanto, temos a seguinte distribuição de probabilidade*

x	$P(x)$
0	7/44
1	21/44
2	14/44
3	2/44
	1

É fácil ver que, no jogo proposto, os ganhos correspondentes a 0, 1, 2 ou 3 bolas brancas são, respectivamente, -3, 0, 3 e 6 reais. Logo, o ganho médio esperado será

$$E(\text{ganho}) = -3 \cdot \frac{7}{44} + 0 \cdot \frac{21}{44} + 3 \cdot \frac{14}{44} + 6 \cdot \frac{2}{44} = \frac{33}{44} = 0,75.$$

Logo, vale a pena pagar até R\$ 0,75 para entrar nesse jogo.

Determinar

a) a constante k;
b) a função de repartição;
c) a probabilidade de se obter um valor superior a 1,5;
d) a média;
e) a mediana;
f) a variância e o desvio-padrão;

Solução   O gráfico de $f(x)$ é dado na Fig. 2.4

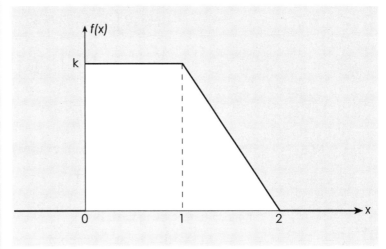

Figura 2.4

a) A constante k é determinada através da condição

$$\int_{-\infty}^{+\infty} f(x)\, dx = 1,$$

o que equivale a dizer que a área da Fig. 2.4 é unitária. Como essa área é facilmente expressa em função de k, o cálculo se simplifica, pois

$$\text{Área} = 1 \cdot k + \frac{1 \cdot k}{2} = \frac{3k}{2} = 1; \quad \therefore \quad k = \frac{2}{3}.$$

Logo, a função densidade pode se escrita

$$\begin{aligned}
f(x) &= 0 & \text{para} \quad x < 0; \\
f(x) &= \frac{2}{3} & \text{para } 0 \leq x \leq 1; \\
f(x) &= \frac{2}{3}(2-x) & \text{para } 1 \leq x < 2; \\
f(x) &= 0 & \text{para} \quad x \geq 2.
\end{aligned}$$

b) Para obter $F(x)$, devemos integrar $f(x)$. Obviamente, $F(x) = 0$ para $x \leq 0$ e $F(x) = 1$ para $x \geq 2$.

No trecho $0 \leq x \leq 1$, temos

$$F(x) = \int_{-\infty}^{0} 0\, dx + \int_{0}^{x} \frac{2}{3} dx = 0 + \left[\frac{2}{3}x\right]_{0}^{x} = \frac{2}{3}x.$$

Vemos que $F(1) = 2/3$, o que era de se prever pela relação de áreas.
No trecho $1 \leq x \leq 2$, temos

$$F(x) = P(X \leq x) = P(X \leq 1) + P(1 < X \leq x) =$$

$$= F(1) + \int_{1}^{x} \frac{2}{3}(2-x)dx =$$

$$= \frac{2}{3} + \left[\frac{2}{3}\left(2x - \frac{x^2}{2}\right)\right]_{1}^{x} = \frac{2}{3} + \left(\frac{4}{3}x - \frac{x^2}{3}\right) - \left(\frac{4}{3} - \frac{1}{3}\right);$$

$$\therefore F(x) = -\frac{x^2}{3} + \frac{4}{3}x - \frac{1}{3}.$$

Para conferir, calculemos $F(2)$, que deve ser igual à unidade:

$$F(2) = -\frac{4}{3} + \frac{8}{3} - \frac{1}{3} = \frac{3}{3} = 1.$$

Logo, a função de repartição é

$$F(x) = 0 \qquad \text{para} \quad x < 0;$$

$$F(x) = \frac{2}{3}x \qquad \text{para } 0 \leq x \leq 1;$$

$$F(x) = -\frac{x^2}{3} + \frac{4}{3}x - \frac{1}{3} \quad \text{para } 1 \leq x \leq 2;$$

$$F(x) = 1 \qquad \text{para} \quad x \geq 2.$$

O gráfico dessa função é dado na Fig. 2.5.

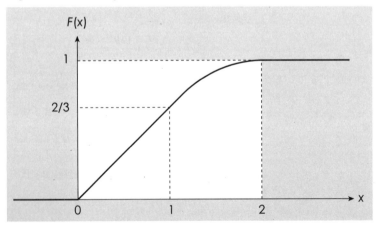

Figura 2.5

2.2 — EXERCÍCIOS RESOLVIDOS

55

c) O valor de $P(X \geq 1,5)$ pode ser obtido na Fig. 2.4, como a área do triângulo determinado pelo intervalo $1,5 \leq x \leq 2$, que é

$$\frac{1}{2} \cdot \frac{1}{2} \cdot \frac{1}{3} = \frac{1}{12},$$

ou mediante

$$P(X \geq 1,5) = 1 - P(X < 1,5) = 1 - P(X \leq 1,5) =$$

$$= 1 - F(1,5) = 1 - \left[-\frac{(1,5)^2}{3} + \frac{4}{3} \cdot 1,5 - \frac{1}{3} \right] = \frac{1}{12}.$$

d) A média, conforme vimos, pode ser calculada por

$$E(X) = \int_{-\infty}^{+\infty} x \cdot f(x)\, dx = \int_{-\infty}^{0} x \cdot f(x)dx +$$

$$+ \int_{0}^{1} x \cdot f(x)dx + \int_{1}^{2} x \cdot f(x)dx + \int_{2}^{+\infty} x \cdot f(x)dx =$$

$$= 0 + \int_{0}^{1} x \cdot \frac{2}{3}dx + \int_{1}^{2} x \cdot \frac{2}{3}(2 - x)dx + 0 =$$

$$= \left[\frac{x^2}{3} \right]_{0}^{1} + \left[\frac{2}{3}x^2 - \frac{2}{9}x^3 \right]_{1}^{2} =$$

$$= \frac{1}{3} - 0 + \frac{8}{3} - \frac{16}{9} - \frac{2}{3} + \frac{2}{9} = \frac{7}{9}.$$

Uma maneira alternativa de cálculo consiste em utilizar o fato de que a média corresponde ao centro de gravidade da figura de $f(x)$. No presente exemplo, o centro de gravidade pode ser obtido ponderando pelas respectivas áreas 2/3 e 1/3 as posições dos centros de gravidade do retângulo e do triângulo, que são respectivamente os pontos $x = 1/2$ e $x = 4/3$. Logo

$$E(X) = \frac{2}{3} \cdot \frac{1}{2} + \frac{1}{3} \cdot \frac{4}{3} = \frac{7}{9} = 0,777\ldots$$

e) A mediana é seguramente inferior a 1, logo determina à sua esquerda um novo retângulo de área 1/2. Logo

$$\frac{1}{2} = k \cdot md = \frac{2}{3}md; \quad \therefore md = \frac{3}{4}.$$

Ou então, diretamente, poderíamos escrever

$$\frac{1}{2} = F(md) = \frac{2}{3}md; \quad \therefore md = \frac{3}{4}.$$

Capítulo 2 — VARIÁVEIS ALEATÓRIAS UNIDIMENSIONAIS

f) O cálculo da variância é feito conforme segue:

$$E(X^2) = \int_{-\infty}^{+\infty} x^2 \cdot f(x)\, dx = \int_{-\infty}^{0} x^2 \cdot f(x)\, dx +$$

$$+ \int_{0}^{1} x^2 \cdot f(x)\, dx + \int_{1}^{2} x^2 \cdot f(x)\, dx + \int_{2}^{+\infty} x^2 \cdot f(x)\, dx =$$

$$= 0 + \int_{0}^{1} x^2 \cdot \frac{2}{3}\, dx + \int_{1}^{2} x^2 \cdot \frac{2}{3}(2-x)\, dx + 0 =$$

$$= \left[\frac{2}{9} x^3\right]_{0}^{1} + \left[\frac{4}{9} x^3 - \frac{x^4}{6}\right]_{1}^{2} = \frac{2}{9} - 0 + \frac{32}{9} - \frac{16}{6} - \frac{4}{9} + \frac{1}{6} = \frac{5}{6};$$

$$\therefore \sigma^2(X) = E(X^2) - [E(X)]^2 = \frac{5}{6} - \left(\frac{7}{9}\right)^2 = \frac{37}{162} \cong 0,2284;$$

$$\therefore \sigma(X) \cong \sqrt{0,2284} \cong 0,478.$$

7 Um motorista chega num posto de pedágio de uma estrada num horário em que ele considera que a probabilidade de ser atendido de imediato é 0,3. Se ele não for atendido imediatamente por haver alguma fila, então o tempo que terá de esperar para o atendimento terá descrito por

$$f(t) = e^{-t}, \ t > 0.$$

a) Descrever a distribuição de probabilidade do tempo para atendimento previamente à chegada no posto de pedágio.

b) Calcular a probabilidade de que o motorista perca mais de um minuto na espera pelo atendimento.

Solução Sendo X o tempo de espera para atendimento, X será uma variável aleatória mista com $P(X = 0) = 0,3$ e $P(X > 0) = 0,7$, caso em que o tempo de espera obedece à distribuição dada acima.

a) Usaremos a função de distribuição para representar, de maneira adequada, a distribuição da variável aleatória X.

A função de distribuição de T, tempo de espera se houver fila, será dada por

$$F(a) = \int_{0}^{a} t(t)dt = \int_{0}^{a} e^{-t} dt = 1 - e^{-a}$$

ou

$$F(t) = 0 \qquad t \leq 0$$
$$F(t) = 1 - e^{-t} \qquad t > 0$$

A Fig. 2.6 ilustra graficamente $f(t)$ e $F(t)$.

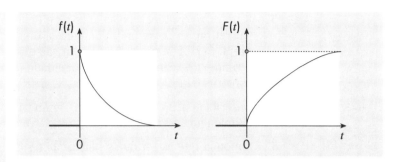

Figura 2.6
f (t) e F (t)

Logo, a figura representativa de $F(x)$ deverá ser como mostrado na Fig. 2.7.

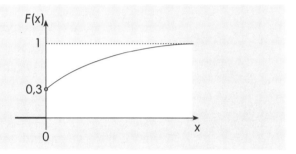

Figura 2.7
Representação
gráfica de F (x)

Devemos, pois, fazer um ajuste na expressão de $F(x)$ quando $x > 0$, obtida a partir da expressão de $F(t)$, de modo que $F(0) = 0{,}3$ e $\lim_{t \to \infty} F(t) = 1$. Esse ajuste nos leva à seguinte expressão final para $F(x)$:

$$F(x) = 0 \qquad x \leq 0$$
$$F(x) = 0{,}3 + 0{,}7 \cdot (1 - e^{-x}) \qquad x \geq 0$$

b) Conhecida $F(x)$, calcula-se imediatamente

$$F(1) = 0{,}3 + 0{,}7 \cdot (1 - e^{-1}) \cong 0{,}7425$$
$$\therefore P(X > 1) = 1 - F(1) = 1 - 0{,}7425 = 0{,}2575.$$

2.3 EXERCÍCIOS SELECIONADOS

1 Um dado é jogado três vezes. Seja X o número de pontos "um" que aparece. Estabeleça a distribuição de probabilidade de X.

2 Uma moeda é jogada 4 vezes, definindo-se para esse experimento a variável aleatória X, igual ao número de caras obtidas. Traçar o gráfico da função probabilidade e da função de repartição da variável X.

Capítulo 2 — VARIÁVEIS ALEATÓRIAS UNIDIMENSIONAIS

3 Uma caixa contém 3 bolas brancas e uma bola preta. Uma pessoa vai retirar as bolas uma por uma, até conseguir apanhar a bola preta. Seja X o número de tentativas que serão necessárias. Determine a distribuição de probabilidade da variável aleatória X e construa o gráfico da sua função de distribuição.

4 Determine a média, mediana e variância da variável aleatória X definida no exercício anterior.

5 Suponha que as retiradas realizadas no Exerc. 2.3.3 sejam feitas com reposição. Nessas condições, como seriam as funções de probabilidade e de repartição da variável aleatória X?

6 Uma caixa contém 4 bolas brancas e 3 bolas pretas. Estabeleça a distribuição de probabilidade do número de bolas retiradas uma a uma sem reposição até sair a última bola preta. Calcule a média, mediana, moda e desvio-padrão dessa variável aleatória.

7 Uma pessoa joga 3 moedas e ganha R\$ 6,00 se obtiver só caras ou coroas. Quanto deve pagar se perder, para que o jogo seja eqüitativo?

8 Dois tenistas de igual força iniciaram uma partida de cinco sets valendo R\$ 50,00. Sendo a partida interrompida quando um deles vencia por 2 x 0, quanto esse tenista deverá receber do rival para que haja justiça?

9 Um dodecaedro regular tem suas faces numeradas de 1 a 12; outro, tem as faces numeradas com os números pares de 2 a 24. Seja X a variável aleatória obtida ao se lançar o primeiro dodecaedro, e Y a variável aleatória obtida ao se lançar o segundo. Calcular a média e a variância da variável aleatória $Z = X + Y$.

10 Construa a distribuição de probabilidade do produto dos pontos de dois dados. Qual sua média, mediana e moda?

11 Uma variável aleatória tem a seguinte função de distribuição acumulada

$$
\begin{aligned}
F(x) &= 0 & \text{para} && x &< 87,5; \\
F(x) &= 0,1 & \text{para} && 87,5 &\le x < 92,5; \\
F(x) &= 0,15 & \text{para} && 92,5 &\le x < 97,5; \\
F(x) &= 0,30 & \text{para} && 97,5 &\le x < 102,5; \\
F(x) &= 0,50 & \text{para} && 102,5 &\le x < 107,5; \\
F(x) &= 0,70 & \text{para} && 107,5 &\le x < 112,5; \\
F(x) &= 0,85 & \text{para} && 112,5 &\le x < 117,5; \\
F(x) &= 0,95 & \text{para} && 117,5 &\le x < 122,5; \\
F(x) &= 1 & \text{para} && x &\ge 122,5.
\end{aligned}
$$

Determine sua média, mediana, moda, amplitude e desvio padrão.

2.3 — EXERCÍCIOS SELECIONADOS

12 João e José jogam sucessivamente uma moeda. João aposta em cara, José em coroa. Em cada lançamento se aposta um real. Qual a probabilidade de que João esteja ganhando dinheiro de José após o 1001º lançamento e qual a expectativa desse ganho:

a) Supondo que a moeda é honesta?
b) Supondo que a moeda é viciada com $P(\text{cara}) = 0{,}6$?

13 Uma moeda honesta é lançada sucessivamente até sair cara ou até serem feitos 3 lançamentos. Considere a variável aleatória "número de lançamentos realizados". Construa o gráfico de sua função de repartição e calcule sua média, mediana, moda e variância.

14 Uma máquina automática enche garratas, saindo a produção com peso bruto médio de 850 g e desvio-padrão de 4,5 g. As garrafas utilizadas têm peso médio 220 g e desvio-padrão de 2,7 g. Determine o peso líquido médio e o seu desvio-padrão se

a) a máquina pesa o líquido dentro da garrafa;
b) a máquina pesa o líquido e depois o coloca dentro da garrafa.

15 Qual o desvio padrão da folga que fica numa prateleira de 22 cm, onde são guardadas lado a lado 10 embalagens de 2 cm cada, sabendo-se que o vão da prateleira tem desvio-padrão de 1 cm e cada embalagem desvio-padrão de 0,2 cm?

16 Verifique a validade da desigualdade de Tchebycheff para as variáveis aleatórias:

a) X = o ponto de um dado;
b) Y = o triplo do ponto de um dado;
c) definida no problema 2.3.1;
d) definida no problema 2.3.6;
e) definida no problema 2.3.9;
f) definida no problema 2.3.11.

17 Verifique a validade da desigualdade de Camp-Meidell para a soma dos pontos de dois dados.

18 Uma variável aleatória contínua tem a seguinte função densidade de probabilidade

$$f(x) = 0 \quad \text{para } x < 0 \ \text{e} \ x \ge 1;$$
$$f(x) = 3x^2 \ \text{para} \ 0 \le x < 1.$$

Calcular a probabilidade dessa variável assumir um valor maior ou igual a 1/3.

19 A Fig. 2.8 representa o gráfico da função densidade de probabilidade de uma variável aleatória contínua. Equacione corretamente essa função.

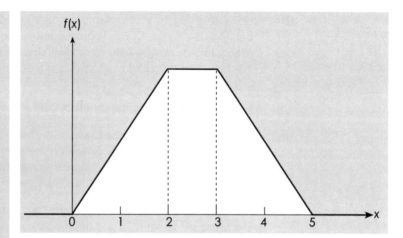

Figura 2.8

20 Equacione a função de repartição e construa o respectivo gráfico para a variável aleatória do problema anterior.

21 Sendo $f(x) = kx^3$ a densidade de probabilidade da variável aleatória X, com $0 \leq x \leq 1$, qual a probabilidade de $0,5 \leq x \leq 1$?

22 Uma variável aleatória X é definida pela função

$F(x) = 0$ para $x < 0$;
$F(x) = x^3/8$ para $0 \leq x < 2$;
$F(x) = 1$ para $x \geq 2$.

Determinar
a) a média de X;
b) a variância de X;
c) a moda de X;
d) a mediana de X.

23 É dada uma variável aleatória X contínua, tal que

$f(x) = 0$ para $x < 0$;
$f(x) = k(1-x^2)$ para $0 \leq x < 1$;
$f(x) = 0$ para $x \geq 1$.

a) Determinar $F(x)$ e traçar o respectivo gráfico.
b) Calcular a probabilidade de que X assuma valores maiores que 0,5.

24 Uma variável aleatória contínua X é definida pela função densidade

$$f(x) = \frac{3}{2}(x-1)^2, \quad 0 \leq x < 2.$$

Determinar em dois minutos
a) a média de X;
b) a moda de X;
c) a mediana de X.

2.3 — EXERCÍCIOS SELECIONADOS

25 Uma variável aleatória X tem a seguinte função de repartição

$$F(x) = 0 \qquad \text{para} \quad x < 0;$$

$$F(x) = \frac{1}{2}x \qquad \text{para } 0 \leq x < 1;$$

$$F(x) = 1/2 \qquad \text{para } 1 \leq x < 2;$$

$$F(x) = \frac{1}{4}x \qquad \text{para } 2 \leq x < 4;$$

$$F(x) = 1 \qquad \text{para} \quad x \geq 4.$$

Determinar a média, a variância, a moda e a mediana de X.

26 O tempo de vida, em horas, de um dispositivo, é dado pela função densidade

$$f(t) = \frac{1}{50} \cdot e^{-(t/50)}, \qquad t \geq 0.$$

Qual a probabilidade de que um desses dispositivos dure mais de 25 e menos de 75 horas? Sabendo-se que tal ocorreu, qual a probabilidade de que tenha durado mais de 50 horas?

27 Numa produção de peças com densidade 100 g/cm^3, o volume das peças em cm^3 se distribui segundo a função densidade de probabilidade $f(v) = \frac{3}{7}v^2$, com $1 \leq v \leq 2$. As peças com mais de 150 g são consideradas do tipo A.

a) Qual a probabilidade de uma peça ser do tipo A?
b) Em 3 peças, qual a probabilidade de 2 serem do tipo A?

28 Uma variável aleatória contínua tem a seguinte função densidade de probabilidade

$$f(x) = 0 \qquad \text{para } x < 0 \text{ e } x > 10;$$
$$f(x) = kx \qquad \text{para } 0 \leq x < 5;$$
$$f(x) = k \qquad \text{para } 5 \leq x \leq 10.$$

a) Traçar o gráfico da função densidade de probabilidade.
b) Determinar a constante k.
c) Determinar a média da variável.
d) Calcular a probabilidade de X ser maior ou igual a 3.

29 Uma variável aleatória contínua tem a seguinte distribuição de probabilidade

$$f(x) = 0 \qquad \text{para} \quad x < 0$$
$$f(x) = kx \qquad \text{para } 0 \leq x < 1;$$
$$f(x) = k \qquad \text{para } 1 \leq x \leq 3/2;$$
$$f(x) = 0 \qquad \text{para} \quad x > 3/2$$

Determinar sua média, mediana, variancia e a probabilidade de X ser menor que 1,2.

30 Uma distribuição contínua triangular se desenvolve entre 0 e 8 e tem moda igual a 3. Determine sua mediana e sua média.

31 A Fig. 2.9 representa uma distribuição de probabilidade cuja variância é 11/9.

a) Calcule sua média e sua mediana.
b) Obtidos quatro valores independentes dessa variável, calcule a probabilidade de que pelo menos dois sejam inferiores a 3.
c) Checar a correção do valor informado para a variância.

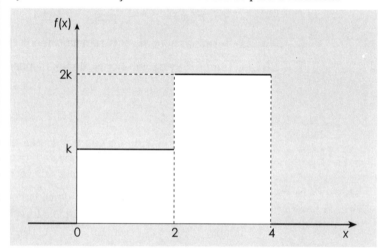

Figura 2.9

32 A distribuição de probabilidade de uma variável aleatória mista é descrita pela seguinte função de repartição:

$$F(x) = 0 \qquad x < 0$$
$$F(x) = 0{,}2 + 0{,}2x \qquad 0 \leq x < 1$$
$$F(x) = 0{,}7 \qquad 1 \leq x < 2$$
$$F(x) = 0{,}4 + 0{,}15x \qquad 2 \leq x < 4$$
$$F(x) = 1 \qquad x \geq 4$$

a) Calcule $P(X > 2)$.
b) Determine sua média, mediana e moda.

2.4 EXERCÍCIOS COMPLEMENTARES

1 Suponha que a variável aleatória X seja descrita pela seguinte função probabilidade:

$$P(X = j) = \frac{1}{2^j}, \quad j = 1, 2, 3, \ldots$$

a) Calcule $P(X$ ser par$)$.
b) Calcule $P(X \geq 5)$.
c) Calcule $P(X$ ser divisível por 3$)$.

2.4 — EXERCÍCIOS COMPLEMENTARES

2 Em um jogo, dois dados são lançados, ganhando-se R$ 10,00 por ponto de diferença entre seus resultados. Até quanto é razoável pagar para entrar nesse jogo?

3 No jogo de roleta, a pessoa escolhe um número entre 37 (de 0 a 36) e aposta x, sendo que, se ganhar, recebe $35x$. Quantas vezes se espera que jogue um jogador inveterado que aposta sempre R$ 20,00 por vez em um só número e dispõe de R$ 500,00?

4 Um relógio indica as horas com o correspondente número de badaladas, ou com uma badalada às meias horas. Um instante é escolhido ao acaso entre 0 e 6 horas. Construa a distribuição de probabilidade do número de badaladas ouvidas nos 20 min seguintes.

5 Mostre que, se X é uma variável aleatória com distribuição equiprovável sobre os inteiros de 1 a n, então

$$E(X) = \frac{n+1}{2} \quad \text{e} \quad \sigma^2(X) = \frac{n^2 - 1}{12}.$$

Dados:

$$\sum_{i=1}^{n} i = \frac{n(n+1)}{2}; \qquad \sum_{i=1}^{n} i^2 = \frac{n(n+1)(2n+1)}{6}.$$

6 Seja X uma variável discreta com distribuição equiprovável sobre os inteiros de 1 a m, e Y uma variável discreta com distribuição equiprovável sobre os inteiros de 1 a n. Seja Z a diferença $Z = X - Y$. Mostre que a média e a variância de Z são dadas por

$$\mu = \frac{m-n}{2} \quad \text{e} \quad \sigma^2 = \frac{m^2 + n^2}{12} - \frac{1}{6}.$$

Sugestão. Use os resultados citados no exercício anterior.

7 Dois tetraedros regulares têm suas faces numeradas de 1 a 4. Jogam-se ambos e somam-se os pontos das faces que ficarem voltadas para baixo. Sabendo-se que a soma obtida é maior que 4, determine a distribuição de probabilidade dessa soma.

8 Uma variável aleatória discreta X tem a seguinte função de repartição

$F(x) = 0$	para	$x < 64{,}5;$
$F(x) = 0{,}02$	para	$64{,}5 \leq x < 65{,}0;$
$F(x) = 0{,}07$	para	$65{,}0 \leq x < 65{,}5;$
$F(x) = 0{,}18$	para	$65{,}5 \leq x < 66{,}0;$
$F(x) = 0{,}32$	para	$66{,}0 \leq x < 66{,}5;$
$F(x) = 0{,}51$	para	$66{,}5 \leq x < 67{,}0;$
$F(x) = 0{,}68$	para	$67{,}0 \leq x < 67{,}5;$
$F(x) = 0{,}81$	para	$67{,}5 \leq x < 68{,}0;$
$F(x) = 0{,}90$	para	$68{,}0 \leq x < 68{,}5;$
$F(x) = 0{,}97$	para	$68{,}5 \leq x < 69{,}0;$
$F(x) = 1$	para	$x \geq 69{,}0.$

Calcule a moda, a média, a mediana e a variância de X.

64 Capítulo 2 — VARIÁVEIS ALEATÓRIAS UNIDIMENSIONAIS

9 Um jogador participa de um jogo de acordo com o seguinte sistema. Aposta R\$ 1,00 em cara no primeiro lançamento de uma moeda. Se ganha, ele desiste de jogar. Se perde, ele aposta R\$ 2,00 em cara no segundo lançamento da moeda e, ganhando nesse, ele desiste. Se perder nessa segunda vez também, ele aposta R\$ 4,00 em cara no terceiro lançamento da moeda, etc. Determinar a distribuição de seu ganho total e o valor esperado desse ganho, se

a) ele dispõe-se a arriscar até 5 tentativas.
b) ele dispõe de capital ilimitado e prossegue até acertar.

10 Determinar a média, mediana, moda e desvio-padrão da soma dos pontos de três dados honestos.

11 Um disco está dividido em 5 setores iguais numerados de 1 a 5. Definimos uma variável aleatória igual, em cada experimento, ao número do setor indicado, ao se girar um ponteiro fixado no centro do disco. Feitos dois experimentos, define-se uma nova variável aleatória, igual ao módulo da diferença dos valores obtidos em cada experimento. Determinar a distribuição de probabilidade desta variável aleatória, e calcular sua média e variência.

12 Num jogo cara-coroa, se sair cara paga-se 5 e se sair coroa, ganha-se 10. Qual a variância do jogo?

13 Um certo trajeto entre dois pontos tem 12,8 km de distância. As leituras no odômetro de um automóvel vão até a precisão de unidades de km. Esse automóvel, percorrendo várias vezes esse trajeto, irá revelar às vezes 12 km de distância e, outras vezes, 13 km. Qual o desvio-padrão dessas leituras ?

14 Uma indústria produz cartões retangulares, destinados à confecção de cartões de visitas. Existem 9 formatos, de acordo com os comprimentos e larguras dados na tabela abaixo (em centímetros). A mesma tabela indica a proporção (em porcentagem) em que os formatos são produzidos. Escolhendo-se um cartão ao acaso, calcular a média e a variância das variáveis aleatórias comprimento, largura e perímetro do cartão.

Tabela 2.4

	6 cm	8 cm	10 cm	Σ
3 cm	5%	6%	2%	13%
4 cm	2%	25%	30%	57%
5 cm	2%	10%	18%	30%
Σ	9%	41%	50%	100%

15 Um certo jogo de azar consiste de um disco girante dividido em 13 partes iguais, numeradas de 0 a 12. Quando o disco pára, uma dessas partes é indicada por um ponteiro. Os números ímpares são brancos, e os pares (exceção do zero, que é verde) são pretos.

2.4 — EXERCÍCIOS COMPLEMENTARES

As apostas podem ser feitas ou no número (de 0 a 12) ou na cor (branco ou preto). Acertando-se na cor, recebe-se da banca quantia igual à aposta. Acertando-se no número, recebe-se da banca 9 vezes a quantia apostada. Um jogador aposta R$ 100,00 no branco e R$ 200,00 no número 1.

a) Qual o seu ganho esperado nessa jogada?
b) Qual a moda e a variância do ganho nessa jogada?
c) Traçar a função de repartição da variável aleatória ganho, para essa jogada.

Observação. Perda = ganho negativo.

16 Uma revista mensal lança uma campanha de publicidade para conseguir novas assinaturas. Essa campanha consiste no envio de números grátis às pessoas julgadas suscetíveis de assinar a revista. Experiências anteriores permitem avaliar a função de probabilidade de X, onde

$$X = \frac{\text{n}^\circ \text{ de novas assinaturas}}{\text{n}^\circ \text{ de pessoas abordadas na campanha}}$$

x	0,20	0,25	0,30
$P(x)$	0,3	0,6	0,1

Sabendo-se que o custo da campanha é de R$ 2,00 por pessoa abordada e que o lucro bruto obtido em cada assinatura é de R$ 12,00, calcular a esperança do lucro líquido quando se abordam 10.000 pessoas na campanha.

17 Um elevador deve ser dimensionado para transportar cargas com peso médio 150 kg, desvio-padrão 30 kg e distribuição ignorada. Para que peso se deve dimensionar o elevador, de modo a que a probabilidade de sobrecarga seja seguramente menor que 1%?

18 De uma barra de alumínio serram-se 20 corpos de prova, sendo que cada corpo mais limalha pesa 50 ± 2 g ($\mu \pm \sigma$). Sobra um pedaço da barra pesando 40 ± 12 g. Qual o desvio-padrão do peso da barra?

19 Uma variável aleatória contínua tem uma função densidade de probabilidade $f(x) = c\, x^2/3$, com $0 < x \leq 3$. São feitas duas determinações independentes de X. Qual a probabilidade que os dois valores sejam maiores do que 2?

20 Seja X uma variável aleatória contínua, com função densidade de probabilidade dada por

$$
\begin{aligned}
f(x) &= ax & \text{para} \quad 0 \leq x < 1; \\
&= a & \text{para} \quad 1 \leq x < 2; \\
&= -ax + 3a & \text{para} \quad 2 \leq x \leq 3; \\
&= 0 & \text{para quaisquer outros valores.}
\end{aligned}
$$

a) Determine a constante a.
b) Determine a função de repartição e esboce o seu gráfico.
c) Se X_1, X_2 e X_3 forem três observações independentes de X, qual será a probabilidade de exatamente um desses três números ser maior do que 1,5? meros ser maior do que 1,5?

21 Seja X uma variável aleatória contínua com função densidade constante entre a e b, $a < b$. Mostre que

$$E(X) = \frac{a+b}{2} \qquad \sigma^2(X) = \frac{(b-a)^2}{12}.$$

22 Considere uma distribuição triangular simétrica entre 0 e 2 e calcule sua variância. Verifique se o valor encontrado é compatível com a variância da soma de duas variáveis independentes com distribuição uniforme entre 0 e 1 (veja exercício anterior).

23 Mostrar que a relação entre amplitude e desvio-padrão em uma distribuição cujo gráfico da função densidade de probabilidade é um triângulo retângulo apoiado em um cateto é $3\sqrt{2}$.

24 Seja X a duração da vida em horas de um dispositivo eletrônico, e seja $f(x) = k/x^2$, com $2.000 \le x \le 10.000$. Qual a probabilidade do dispositivo falhar antes de 5.000 horas?

25 Certo tipo de peça será submetida a tensões que terão distribuição de probabilidade dada pela função densidade $f(t) = 4(1-t)^3$, $0 < t \le 1$. Qual deve ser a tensão de ruptura da peça para que a probabilidade de se romper seja 0,01?

26 A variável aleatória X apresenta função densidade de probabilidade $f(x) = kx^2$, para $0 < x < 1$. Achar o valor de k. Determinar a função de repartição, a média, mediana e variância de X.

27 Uma variável aleatória contínua tem a seguinte função densidade de probabilidade
$$f(x) = 0 \qquad\qquad x < 0;$$
$$f(x) = 2kx \qquad 0 \le x < 3;$$
$$f(x) = kx \qquad\; 3 \le x < 5;$$
$$f(x) = 0 \qquad\qquad x \cdot \ge 5.$$

Determinar o valor de k, a média, a mediana e a variância dessa variável aleatória.

28 Uma variável aleatória contínua tem a seguinte função densidade de probabilidade
$$f(x) = 0 \qquad\qquad\quad \text{para} \qquad x < -1 \text{ e } x \ge 1;$$
$$f(x) = \frac{1}{2}(1 - x^2) \qquad \text{para} \qquad -1 \le x < 0;$$
$$f(x) = \frac{2}{3} \qquad\qquad\quad \text{para} \qquad 0 \le x < 1.$$

Determinar a média, a variância, a moda e a mediana dessa variável aleatória.

2.4 — EXERCÍCIOS COMPLEMENTARES

29 Uma variável aleatória X tem uma densidade de probabilidade $f(x) = k/x$, no intervalo $1 \leq x \leq 2$ e $f(x) = 0$ fora deste intervalo. Pede-se determinar

a) a constante k;
b) a média de X;
c) a variância de X;
d) a mediana de X;
e) a moda de X.

30 Uma variável aleatória contínua X é definida pela seguinte função densidade de probabilidade

$$f(x) = \frac{k}{\sqrt{x}}, \quad 0 < x \leq 1.$$

Determinar

a) a função de repartição de X e o respectivo gráfico.
b) a probabilidade de X assumir valores maiores que $1/2$.
c) a probabilidade de que, em 4 verificações, a variável X assuma pelo menos uma vez um valor maior que $1/2$.

31 A variável aleatória X tem a seguinte função de repartição

$$F(x) = 0 \qquad \text{para } x \leq x_0;$$
$$F(x) = 1 - k/x^a \qquad \text{para } x \geq x_0;$$

sendo a e x_0 dois parâmetros positivos.

a) Determinar a constante k.
b) Qual a densidade de probabilidade de X?
c) Se $a = 2$, calcular a média de X.
d) Se $a = 2$, calcular a variância de X.

32 O tempo X gasto na espera de um dentista é nulo se ele estiver desocupado, o que ocorre com 50% de probabilidade, e é dado pela densidade $f(x) = k(1 - x)$, $0 \leq x \leq 1$, se ele estiver trabalhando. Determinar a função de repartição de X e traçar o respectivo gráfico.

33 Uma companhia petrolífera obteve a concessão para explorar uma certa região. Estudos anteriores estimam que a probabilidade de existir petróleo nessa região é 0,20. A companhia pode optar por um novo teste que custa R$ 50.000,00 sendo que, se realmente existe petróleo, esse teste dirá com uma probabilidade de 0,80 que existe, e se realmente não existe, dirá com probabilidade 0,70 que não existe.

Considerando que o custo de perfuração será R$ 300.000,00 e, se for encontrado petróleo, a companhia lucrará R$ 1.500.000,00, qual o valor esperado do lucro da companhia, se essa tomar as melhores decisões?

34 Um pai, levando seus 3 filhos ao Salão da Criança, depara com o seguinte jogo: cada criança sorteia um número x de acordo com a figura dada e recebe um prêmio de x dezenas de reais. Depois, escolhe ao acaso uma cor dentre três e obtém os seguintes resultados de acordo com a cor escolhida: amarelo, paga R$ 5,00; vermelho, não recebe mais nada; verde, recebe mais R$ 5,00. Qual a variância e média do valor recebido pelas 3 crianças?

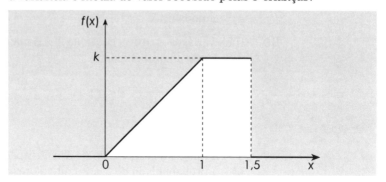

Figura 2.10

35 Um automóvel percorre um trecho entre duas cidades a velocidade constante. Se ele não parar durante o trajeto, o tempo gasto será 20 min. Entretanto, poderá ser obrigado a parar uma única vez pelo guarda, no que perderá 2 min, ou por encontrar fechada a porteira do trem. A probabilidade de ser parado pelo guarda é 0,2 e a de encontrar a porteira fechada é 0,3. Sabe-se que, cada vez que passa o trem, a porteira fica fechada 4 min. Construir o gráfico da função de repartição do tempo de percurso e calcular a sua média.

36 Um jogador admite que certa moeda possa ser honesta, com probabilidade 0,6, ou viciada. Se for viciada, ela terá 75% de chance de ter P(cara) = 0,7 e 25% de chance de ter P(cara) = 0,2.

a) Construir a distribuição *a priori* para as possíveis condições da moeda.
b) Um experimento consiste em jogar 2 vezes a moeda. Construir as distribuições de probabilidade dos resultados deste experimento, condicionadas a cada condição da moeda.
c) Construir as distribuições *a posteriori* para as possíveis condições da moeda, em função de cada resultado do experimento.
d) Para quais resultados do experimento você acha que o jogador iria apostar em "cara" numa terceira jogada da moeda*?

---

*Os termos a *priori* e a *posteriori* são bastante empregados na Teoria da Decisão, e significam, respectivamente, antes e depois de conhecido o resultado de um experimento

3 — FUNÇÕES DE VARIÁVEIS ALEATÓRIAS UNIDIMENSIONAIS — VARIÁVEIS BIDIMENSIONAIS

3.1 RESUMO TEÓRICO

1. Funções de variáveis aleatórias unidimensionais

É fácil entender que "toda função de uma variável aleatória é também uma variável aleatória". Assim, por exemplo, seja a variável aleatória X, definida como "o ponto de um dado", e a função $y = x^2 - 1$. Ora, esta função, encarada como função da variável aleatória X, leva a uma outra variável aleatória Y cujos possíveis valores, determinados com base nos possíveis valores de X, serão 0, 3, 8, 15, 24 e 35, todos com probabilidade igual a 1/6.

No exemplo acima, conhecida a distribuição de probabilidade de X e a função ligando os valores de Y aos valores de X, não foi difícil descobrir a distribuição de probabilidade de Y. Esse é, em geral, o problema que nos interessa.

Quando a variável original, cuja distribuição conhecemos, é discreta, esse problema é em geral fácil de resolver, seja a função contínua (como no caso) ou discreta.

Se a variável original for contínua e a função discreta, também, em geral, o problema torna-se simples. Assim, sendo X dada por

$$f(x) = \frac{x}{2} \qquad \text{para} \qquad 0 \le x \le 2;$$
$$f(x) = 0 \qquad \text{para} \qquad x < 0 \ \text{ e } \ x > 2,$$

e a função discreta

$$y = 1 \quad \text{se} \quad x < \frac{1}{2};$$

$$y = 3 \quad \text{se} \quad \frac{1}{2} \le x < 1;$$

$$y = 2 \quad \text{se} \quad x \ge 1,$$

é fácil também perceber que a variável aleatória Y será discreta, com função de probabilidade dada por

y	$P(y)$
1	1/16
2	3/16
3	12/16
	1

Finalmente, se variável e função forem contínuas, o problema em geral se complica. Pode-se mostrar que, se a função for monotônica e contínua, então, sendo w a função inversa da função considerada, a densidade de probabilidade de Y será dada por

$$g(y) = f(w) \cdot \left| \frac{dw}{dy} \right|. \tag{3.1}$$

Assim, dada a mesma variável aleatória contínua X acima definida e a função $y = x^2 - 1$, contínua e monotônica entre 0 e 2, temos

$$w = (y+1)^{1/2};$$

$$\therefore \frac{dw}{dy} = \frac{1}{2}(y+1)^{-1/2};$$

$$\therefore g(y) = \frac{w}{2} \cdot \frac{1}{2}(y+1)^{-1/2} = \frac{(y+1)^{1/2}}{2} \cdot \frac{1}{2}(y+1)^{-1/2} = \frac{1}{4};$$

$$\therefore g(y) = \frac{1}{4}, \quad -1 \le y \le 3.$$

Concluímos que Y tem distribuição uniforme entre –1 e 3. Os limites de variação de Y foram obtidos da função, sendo claro que $g(y) = 0$ fora desse intervalo. Como verificação, a integral de $g(y)$ entre –1 e 3 deve ser unitária, o que, no caso, se verifica imediatamente.

No exercício resolvido 3.2.1 mostramos como resolver um caso em que a condição de monotonicidade não é satisfeita, através das funções de repartição das variáveis envolvidas.

Por outro lado, um resultado útil diz respeito ao cálculo da média ou expectância de uma função de variável aleatória. Assim, se $y(x)$ é a função considerada, poderemos obter a média ou expectância da variável aleatória Y por

$$E(Y) = \sum_i y(x_i) \cdot P(x_i) \tag{3.2}$$

no caso discreto, e por

$$E(Y) = \int_{-\infty}^{+\infty} y(x) \cdot f(x) \, dx \tag{3.3}$$

no caso contínuo.

Tomemos como exemplo o caso acima visto da função $y = x^2 - 1$, onde x varia entre 0 e 2. Teremos

$$E(Y) = \int_0^2 \left(x^2 - 1 \right) \cdot f(x) \, dx =$$

$$= \int_0^2 \left(x^2 - 1 \right) \cdot \frac{x}{2} \, dx = \frac{1}{2} \left[\frac{x^4}{4} - \frac{x^2}{2} \right]_0^2 = \frac{1}{2} \left(4 - 2 \right) = 1.$$

Esse resultado era previsível pois, como vimos acima, Y tem distribuição uniforme entre -1 e 3.

2. Distribuições bidimensionais

No Cap. 2, por razões didáticas, consideramos apenas variáveis aleatórias unidimensionais. Entretanto, a idéia pode ser generalizada a duas ou mais dimensões. Neste trabalho, consideraremos apenas o caso bidimensional.

Uma variável aleatória bidimensional é caracterizada por um par ordenado de valores, o qual pode assumir valores dentro de dado conjunto segundo leis probabilísticas. Assim, se X for o ponto de um dado branco e Y for o ponto de um dado preto, poderemos considerar a variável aleatória bidimensional discreta (X, Y) cujos possíveis valores correspondem aos pontos do espaço amostral S_1, apresentado em 1.1.1. Tal variável aleatória fica caracterizada pela função probabilidade

$$P(X,Y) = \frac{1}{36}; \ x = 1, 2, 3, 4, 5, 6; \ y = 1, 2, 3, 4, 5, 6.$$

No caso de variáveis bidimensionais contínuas, a distribuição de probabilidade será caracterizada por uma função densidade de probabilidade bidimensional (ou conjunta) $f(x, y)$. Essa função a duas variáveis será sempre não-negativa e sua integral dupla em dada região nos dará a probabilidade de que o par (X, Y) pertença a essa região. Será ainda tal que

$$\int_{-\infty}^{+\infty}\int_{-\infty}^{+\infty} f(x,y)\, dx\, dy = 1. \tag{3.4}$$

Assim, a função densidade $f(x,y) = 2 - x - y$, $0 \le x \le 1$, $0 \le y \le 1$ define uma distribuição bidimensional contínua. Uma representação gráfica espacial dessa distribuição é dada na Fig. 3.1, sendo que o volume por ela definido é unitário.

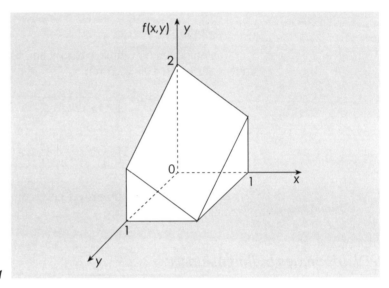

Figura 3.1

Se quisermos, por exemplo, a probabilidade de que $X > 1/2$ e $Y > 1/2$, teremos

$$P\left(X > \frac{1}{2}, Y > \frac{1}{2}\right) = \int_{x=1/2}^{1}\int_{y=1/2}^{1} (2-x-y)\, dy\, dx =$$

$$= \int_{x=1/2}^{1} \left[2y - xy - \frac{y^2}{2}\right]_{y=1/2}^{1} dx =$$

$$= \int_{x=1/2}^{1} \left(2 - x - \frac{1}{2} - 1 + \frac{1}{2}x + \frac{1}{8}\right) dx =$$

$$= \int_{x=1/2}^{1} \left(\frac{5}{8} - \frac{1}{2}x\right) dx = \left[\frac{5}{8}x - \frac{1}{4}x^2\right]_{x=1/2}^{1} =$$

$$= \frac{5}{8} - \frac{1}{4} - \frac{5}{16} + \frac{1}{16} = \frac{1}{8}.$$

3. Distribuições marginais

Dada a distribuição da variável aleatória bidimensional (X, Y), podemos desejar conhecer a distribuição apenas de X, independentemente do valor de Y, que será dita distribuição marginal de X. Da mesma forma teríamos a distribuição marginal de Y.

O termo **distribuição marginal** está ligado ao fato de que, no caso discreto, se a função de probabilidade bidimensional for dada por uma tabela de duas entradas, as distribuições marginais de X e Y serão obtidas simplesmente somando-se, às margens da tabela, as probabilidades de cada linha ou coluna; isto é,

$$P(X = x_i) = \sum_j P\left(x_i, y_j\right);$$
$$P(Y = y_j) = \sum_i P\left(x_i, y_j\right). \tag{3.5}$$

Consideremos como exemplo a distribuição bidimensional discreta dada na Tab. 3.1, em que X pode variar de 1 a 3 e Y pode variar de 1 a 4, X e Y inteiros. No cruzamento da linha i com a coluna j teremos $P(X = i, Y = j)$. Somando-se as probabilidades de cada linha e coluna teremos, na coluna marginal da direita, a distribuição marginal de X, e na linha marginal inferior, a distribuição marginal de Y.

Tabela 3.1

x_i	y_i				Totais
	1	2	3	4	
1	0,03	0,05	0,08	0,04	0,20
2	0,10	0,10	0,20	0,10	0,50
3	0	0,15	0,10	0,05	0,30
Totais	0,13	0,30	0,38	0,19	1,00

As distribuições marginais são, pois

x_i	$P(x_i)$
1	0,20
2	0,50
3	0,30
	1,00

y_j	$P(y_j)$
1	0,13
2	0,30
3	0,38
4	0,19
	1,00

No caso contínuo, sendo $g(x)$ a função densidade marginal de X e $h(y)$ a função densidade marginal de Y, tem-se

$$g(x) = \int_{-\infty}^{+\infty} f(x,y)\, dy;$$

$$h(y) = \int_{-\infty}^{+\infty} f(x,y)\, dx.$$

(3.6)

Assim, no exemplo visto em 3.1.2, teríamos

$$g(x) = \int_0^1 (2 - x - y)dy = \left[2y - xy - \frac{y^2}{2} \right]_0^1 ;$$

$$\therefore \quad g(y) = \frac{3}{2} - x, \qquad 0 \le y \le 1.$$

Analogamente, obteríamos

$$h(y) = \frac{3}{2} - y, \qquad 0 \le y \le 1.$$

4. Distribuições condicionadas

A idéia de probabilidadc condicionada vista em 1.1.3 pode ser generalizada às distribuições de probabilidade. Assim, no caso discreto, a distribuição de probabilidade de X condicionada a y_j será dada pelas probabilidades

$$P\left(x_i \middle| y_j\right) = \frac{P\left(X = x_i, Y = y_j\right)}{P\left(Y = y_j\right)}, \quad \text{para todo } i.$$

(3.7)

Analogamente, a distribuição de probabilidade de Y condicionada a x_i será dada pelas probabilidades

$$P\left(y_j \middle| x_i\right) = \frac{P\left(X = x_i,\ Y = y_j\right)}{P\left(X = x_i\right)}, \quad \text{para todo } j.$$

(3.8)

No exemplo da Tab. 3.1, a distribuição de X condicionada a $Y = 2$ será

x_i	$P(x_i)$
1	1/6
2	1/3
3	1/2
	1

cujas probabilidades resultam dos quocientes de 0,05; 0,10 e 0,15 por 0,30. Analogamente, a distribuição de Y condicionada a $X \geq 2$ será

y_j	$P(y_j)$
1	10/80
2	25/80
3	30/80
4	15/80
	1

No caso contínuo, pode-se mostrar que é lícito substituir as probabilidades pelas funções densidade, sendo as distribuições condicionadas de X e Y dadas por

$$g\left(x\middle|y_0\right) = \frac{f\left(x,y_0\right)}{h\left(y_0\right)}, \quad h\left(y_0\right) > 0; \tag{3.9}$$

$$h\left(y\middle|x_0\right) = \frac{f\left(x_0,y\right)}{g\left(x_0\right)}, \quad g\left(x_0\right) > 0, \tag{3.10}$$

onde $g(x)$ e $h(y)$ são as respectivas distribuições marginais, e x_0 e y_0 os valores específicos para os quais se desejam obter as distribuições condicionadas.

No nosso exemplo, temos

$$g\left(x\middle|Y=1\right) = \frac{2-x-1}{\dfrac{3}{2}-1} = 2(1-x), \quad 0 \leq x \leq 1;$$

$$h\left(y\middle|X=0\right) = \frac{2-y}{3/2} = \frac{2}{3}(2-y), \quad 0 \leq y \leq 1,$$

5. Variáveis aleatórias independentes

Podemos agora apresentar uma definição rigorosa para as **variáveis aleatórias independentes**, o que é feito com base no resultado apresentado em 1.1.4.

Duas variáveis discretas são independentes se, para todos os pares (x_i, y_j), tivermos

$$P(X = x_i, Y = y_j) = P(X = x_i) \cdot P(Y = y_j). \tag{3.11}$$

Note-se que no primeiro membro temos a probabilidade na distribuição bidimensional e, no segundo, o produto das correspondentes probabilidades marginais.

Da mesma forma, no caso contínuo diremos que duas variáveis aleatórias são independentes se, para todo par (x, y), tivermos

$$f(x, y) = g(x) \cdot h(y) \tag{3.12}$$

Obviamente, no caso de variáveis independentes, as distribuições condicionadas coincidem com as respectivas distribuições marginais.

3.2 EXERCÍCIOS RESOLVIDOS

1 Seja a variável aleatória contínua X, definida pela função densidade

$$f(x) = 0 \quad para \quad x < 0 \quad e \quad x > 2;$$
$$f(x) = \frac{x}{2} \quad para \quad 0 \leq x \leq 2,$$

e a função $y = (x-1)^2$. Determinar a distribuição de probabilidade da variável aleatória Y e calcular a sua média.

Solução O procedimento dado pela (3.1) não pode ser usado aqui, pois a função, cujo gráfico é apresentado na Fig. 3.2, não é monotônica no intervalo considerado. Usaremos, então, o procedimento abaixo, envolvendo as funções de repartição de X e Y.

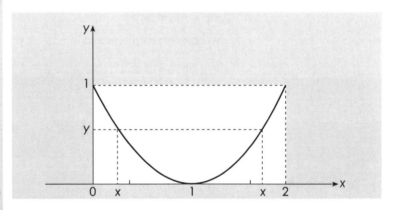

Figura 3.2

Temos que, para $0 \leq x \leq 2$

$$F(x) = \int_0^x f(x)\,dx = \int_0^x \frac{x}{2}\,dx = \frac{x^2}{4},$$

e que, sendo $y = (x-1)^2$, vem

$$x = 1 \pm \sqrt{y},$$

conforme ilustra a Fig. 3.2. Temos, portanto, que

$$G(y) = P(Y \leq y) = P\left(1 - \sqrt{y} \leq X \leq 1 + \sqrt{y}\right) =$$

$$= F\left(1 + \sqrt{y}\right) - F\left(1 - \sqrt{y}\right) =$$

$$= \frac{\left(1 + \sqrt{y}\right)^2}{4} - \frac{\left(1 - \sqrt{y}\right)^2}{4} = \sqrt{y};$$

$$\therefore \ g(y) = \frac{d}{dy}\sqrt{y} = \frac{1}{2\sqrt{y}}, \qquad 0 \leq y \leq 1.$$

Essa é a função densidade que define a distribuição da variável Y. Para calcular a média de Y, basta lembrar, conforme visto em (3.3), que

$$E(Y) = \int_{-\infty}^{+\infty} y(x) \cdot f(x) \, dx = \int_0^2 (x-1)^2 \cdot \frac{x}{2} \, dx =$$

$$= \int_0^2 \left(\frac{x^3}{2} - x^2 + \frac{x}{2}\right) dx = \left[\frac{x^4}{8} - \frac{x^3}{3} + \frac{x^2}{4}\right]_0^2 =$$

$$= \frac{16}{8} - \frac{8}{3} + \frac{4}{4} = \frac{1}{3}.$$

2 Uma variável aleatória bidimensional contínua (X, Y) tem a função densidade dc probabilidade

$$f(x, y) = kx^2 y,$$

definida no triângulo formado pelos pontos $(0, 0)$, $(1,0)$ e $(0, 2)$. Determinar

a) A constante k.
b) $P(Y < 1)$.
c) $P(Y < X)$.
d) As distribuições marginais de X e Y.

Solução a) Para determinar k, imporemos a condição (3.4). Entretanto, deve-se tomar cuidado quanto aos limites de integração pois, sendo o campo de definição da expressão $kx^2\,y$ o triângulo mostrado na Fig. 3.3, se x varia de 0 a 1, y varia de 0 a $2(1-x)$. Assim, temos

$$1 = \int_{x=0}^1 \int_{y=0}^{2(1-x)} kx^2 y \, dx \, dy = k \int_{x=0}^1 x^2 \cdot \left[\frac{y^2}{2}\right]_{y=0}^{2(1-x)} dx =$$

$$= k \int_{x=0}^1 x^2 \cdot 2(1-x)^2 dx = k \int_{x=0}^1 \left(2x^2 - 4x^3 + 2x^4\right) dx =$$

$$= k\left[\frac{2x^3}{3} - x^4 + \frac{2x^5}{5}\right]_{x=0}^{1} = k\left(\frac{2}{3} - 1 + \frac{2}{5}\right) = \frac{k}{15}$$

∴ $k = 15$.

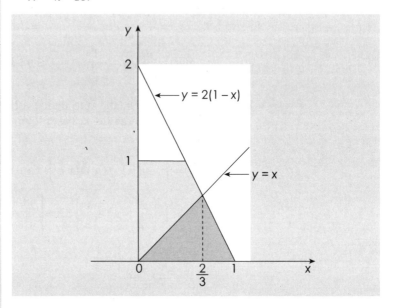

Figura 3.3

b) Para obter $P(Y < 1)$, devemos integrar $f(x, y)$ sobre a área abaixo de $y = 1$ na Fig. 3.3. Para tanto, é mais conveniente considerarmos y variando de 0 a 1. A alternativa seria fazermos x variar de 0 a 1, com y variando de 0 a 1 para $x \leq 1/2$, e de 0 a $2(1 - x)$ para $x \geq 1/2$. Temos

$$P(Y < 1) = \int_{y=0}^{1} \int_{x=0}^{1-y/2} 15x^2 y \, dx \, dy =$$

$$= \int_{y=0}^{1} 15y \left[\frac{x^3}{3}\right]_{x=0}^{1-y/2} dy =$$

$$= \int_{y=0}^{1} 5y \left(1 - \frac{3y}{2} + \frac{3y^2}{4} - \frac{y^3}{8}\right) dy =$$

$$= \int_{y=0}^{1} \left(5y - \frac{15y^2}{2} + \frac{15y^3}{4} - \frac{5y^4}{8}\right) dy =$$

$$= \left[\frac{5y^2}{2} - \frac{5y^3}{2} + \frac{15y^4}{16} - \frac{y^5}{8}\right]_{y=0}^{1} =$$

$$= \frac{5}{2} - \frac{5}{2} + \frac{15}{16} - \frac{1}{8} = \frac{13}{16}.$$

3.2 — EXERCÍCIOS RESOLVIDOS

c) Para calcular $P(Y < X)$ devemos integrar $f(x, y)$ sobre a área mais escura na Fig. 3.3. Inicialmente, determinemos a abscissa do ponto de intersecção das retas $y = x$ e $y = 2(1 - x)$

$$x = 2\,(1 - x) \quad \therefore \quad x = \frac{2}{3}.$$

Para $x \le 2/3$, y varia entre 0 e x, e para $x \ge 2/3$, y varia entre 0 e $2(1 - x)$. Logo

$$P(Y < X) = \int_{x=0}^{2/3} \int_{y=0}^{x} 15x^2 y\, dx\, dy +$$

$$+ \int_{x=2/3}^{1} \int_{y=0}^{2(1-x)} 15x^2 y\, dx\, dy =$$

$$= \int_{x=0}^{2/3} \left[\frac{15x^2 y^2}{2}\right]_{y=0}^{x} dx + \int_{x=2/3}^{1} \left[\frac{15x^2 y^2}{2}\right]_{y=0}^{2(1-x)} dx =$$

$$= \int_{x=0}^{2/3} \frac{15x^4}{2}\, dx + \int_{x=2/3}^{1} 30x^2(1-x)^2\, dx =$$

$$= \left[\frac{3x^5}{2}\right]_{x=0}^{2/3} + \left[30\left(\frac{x^3}{3} - \frac{x^4}{2} + \frac{x^5}{5}\right)\right]_{x=2/3}^{1} =$$

$$= \frac{16}{81} + \frac{17}{81} = \frac{33}{81} = \frac{11}{27}.$$

d) As distribuições marginais de X e Y serão

$$g(x) = \int_{y=0}^{2(1-x)} 15x^2 y\, dy = \left[\frac{15x^2 y^2}{2}\right]_{y=0}^{2(1-x)} =$$

$$= 30x^2(1-x)^2 = 30\left(x^2 - 2x^3 + x^4\right), \quad 0 \le x \le 1;$$

$$h(y) = \int_{x=0}^{1-y/2} 15x^2 y\, dx = \left[5x^3 y\right]_{x=0}^{1-y/2} =$$

$$= 5y\left(1 - \frac{y}{2}\right)^3 = 5y - \frac{15y^2}{2} + \frac{15y^3}{4} - \frac{5y^4}{8}, \quad 0 \le y \le 2.$$

A título de verificação, poderíamos calcular

$$\int_{x=0}^{1} g(x)\,dx \quad e \quad \int_{y=0}^{2} h(y)\,dy,$$

verificando que são unitárias ambas as integrais.

3.3 EXERCÍCIOS PROPOSTOS

1 Seja X um número equiprovável entre 1 e 20, Y o número de divisores de X e Z o maior número primo contido em X. Determine as distribuições de probabilidade de Y e Z.

2 Determine a distribuição bidimensional das variáveis Y e Z definidas no problema anterior. Verifique se essas variáveis são independentes.

3 Seja X uma variável aleatória com distribuição equiprovável sobre os inteiros de 0 a 21 e a função contínua $y = \operatorname{sen} \pi x/6$. Construa a distribuição de probabilidade da variável aleatória Y.

4 Seja P uma variável aleatória uniformemente distribuída entre 0 e 1 e X uma variável discreta dada por

x	$P(x)$
1	p^2
2	$p(1-p)$
3	$p(1-p)$
4	$(1-p)^2$

Por outro lado, seja Y a mediana de X. Determine a distribuição de probabilidade de Y.

5 Uma variável aleatória contínua tem a seguinte função densidade de probabilidade

$$
\begin{aligned}
f(x) &= 0 & &\text{para } x < 0 \text{ e } x > 3; \\
f(x) &= k & &\text{para } 0 \le x < 2; \\
f(x) &= 2k & &\text{para } 2 \le x \le 3.
\end{aligned}
$$

a) Calcule sua média.

b) Determine sua função de repartição.

c) Sendo $y = x^2$, determine a função densidade de probabilidade de Y e verifique se a função obtida satisfaz à condição de função densidade de probabilidade.

6 Para medir velocidades do ar, utiliza-se um tubo (conhecido como tubo estático de Pitot), o qual permite que se meça a pressão diferencial. Essa é dada por $P = (1/2)\rho V^2$, onde ρ é a densidade do ar e V é a velocidade do vento. Achar a função densidade de probabilidade de P, quando V for uma variável aleatória uniformemente distribuida sobre $(10, 20)$.

3.3 — EXERCÍCIOS PROPOSTOS

7 Num diagrama (x, y), um ponto aleatório tem distribuição uniforme no segmento $(1, 0)$–$(0, 1)$. Calcular a probabilidade de que a área do retângulo de lados x e y seja menor que 0,16 e determinar a distribuição de probabilidade dessa área.

8 Considere a função

$$y = x \qquad \text{se } 0 \leq x < 1;$$
$$y = 1 \qquad \text{se } 0 \leq x < 2;$$
$$y = 2 \qquad \text{se } 2 \leq x < 3;$$
$$y = 3(x - 3) \qquad \text{se } 3 \leq x \leq 4.$$

Determine a distribuição de probabilidade de Y sendo X uma variável aleatória uniformemente distribuída
a) entre 1 e 2,5;
b) entre 0 e 2;
c) entre 0 e 4.

9 Seja $y = x^2$ e X uma variável aleatória definida no intervalo $-1 \leq x \leq 2$. Determine a distribuição de probabilidade de Y sendo
a) $f(x) = k$;
b) $f(x) = k(x + 1)$.

10 Um atirador faz mira sobre um alvo puntiforme. Suponha que a distribuição bidimensional do ponto de impacto do projétil é tal que a sua distância ao alvo, independente da direção do desvio, é dada por

$$f(d) = k(3 - 2d) \qquad 0 \leq d \leq 1;$$
$$f(d) = k(2 - d) \qquad 1 \leq d \leq 2.$$

O atirador recebe um prêmio, calculado em função da distância d por $Q = (d - 2)^2$. Determine a distribuição de probabilidade deste prêmio e o seu valor esperado.

11 Duas variáveis aleatórias X e Y discretas têm uma distribuição bidimensional dada pela seguinte tabela.

Tabela 3.2					
y	x				
	1	2	3	4	5
0	$\dfrac{1}{24}$	$\dfrac{1}{12}$	$\dfrac{1}{24}$	$\dfrac{1}{24}$	$\dfrac{1}{8}$
1	$\dfrac{1}{48}$	$\dfrac{1}{24}$	$\dfrac{1}{48}$	$\dfrac{1}{48}$	$\dfrac{1}{16}$
2	$\dfrac{1}{16}$	$\dfrac{1}{8}$	$\dfrac{1}{16}$	$\dfrac{1}{16}$	$\dfrac{3}{16}$

Determinar as distribuições marginais das variáveis X e Y. Essas variáveis são independentes?

12 Considerando-se que a variável contínua X está contida no o intervalo $0 - 20$ e que qualquer ponto do intervalo é equiprovável, qual a probabilidade da soma de dois pontos ser maior que 10? E de estar entre 10 e 12?

13 Sendo a função densidade de probabilidade conjunta de (X, Y) dada por $f(x,y) = \frac{1}{4}e^{-y}$ para $0 < x < 4, y > 0$, e zero em qualquer outro ponto, calcular $P(X > 2, Y < 4)$.

14 Considere a seguinte frase: "O Cálculo de Probabilidades é uma ferramenta matemática cujo bom conhecimento é essencial ao estudo dos problemas de Estatística Indutiva". Sendo X o número de vogais por palavra e Y o número de consoantes, construa a distribuição bidimensional de (X, Y) para uma palavra retirada aleatoriamente dessa frase. Dê as distribuições de $X \mid y = 3$ e $Y \mid x = 1$.

15 Determinar as distribuições marginais de X e Y para a distribuição bidimensional dada por $f(x, y) = k$, definida na região
a)   entre os pontos $(0, 0)$, $(1, 0)$ e $(1, 1)$;
b)   entre os pontos $(0, 0)$, $(1, 0)$, $(1, 1)$, $(1/2, 1)$ e $(0, 1/2)$;
c)   definida pelo quadrante de círculo com centro em $(0, 0)$ e raio unitário, sendo $X > 0$ e $Y > 0$.

16 Uma distribuição bidimensional é dada pela função densidade

$$f(x,y) = k \ \exp\left(-\frac{x^2 + y^2}{2}\right)^{*}.$$

a)   Determinar o valor de k.
b)   Determinar as distribuições marginais.
c)   Dizer se X e Y são variáveis independentes.

17 Sendo $f(x,y) = \frac{3}{4}xy^2$, com $0 \le x \le 1$ e $0 \le y \le 2$, determine $E(X)$, $E(Y), E(X \mid Y = 1), E(Y \mid X = 0)$.

$*\exp(x) = e^{x}$

3.3 — EXERCÍCIOS PROPOSTOS

18 Uma variável aleatória contínua bidimensional tem função densidade

$$f(x,y) = k(x^2 + y), \quad 0 \leq x \leq 1, \quad x + y \leq 1.$$

a) Determine o valor de k.
b) Verifique se X e Y são independentes.
c) Calcule a probabilidade de se ter $Y > X$.

19 Seja a função densidade conjunta $f(x, y) = k(3 - y), 0 < y < 2,$ $0 < x < 4$.

a) Determine k.
b) Determine as densidades marginais de X e de Y.
c) Verifique se X e Y são independentes.
d) Calcule $P(Y > X)$.
e) Num diagrama tridimensional, esboce a distribuição da variável bidimensional (X, Y).

20 Sendo a distribuição conjunta de X e Y dada por $f(x, y) = x \cdot y$, com $0 < x < 1$ e $0 < y < k$, qual o valor numérico da média do quadrado de Y?

21 O consumo de gasolina de uma marca de carro em certa viagem é uma variável aleatória com $f(x) = \frac{x}{2}, 0 < x < k$, e o consumo de óleo é uma variável aleatória com $f(y) = y^3/4, 0 < y < 2$. Supondo que o consumo de gasolina e de óleo sejam independentes

a) Qual o valor de k?
b) Qual a função densidade de probabilidade bidimensional?
c) Qual a probabilidade do consumo de óleo ser menor que o consumo de gasolina?

22 Sendo $f(x, y) = 3x^2y + 3y^2x$ a densidade de probabilidade conjunta para as variáveis X e Y definidas no intervalo $0 — 1$, qual o valor de $E(Y \mid X = 1)$, ou seja, quando $X = 1$, qual a expectância de Y?

23 Paulo sorteia toda a noite a quantia X que levará ao cassino, segundo a distribuição mostrada na Fig. 3.4.

A quantia Y com que volta para casa é uma variável uniformemente distribuída entre zero e a quantia que levou ao cassino.

a) Determinar a função densidade bidimensional de (X, Y).
b) Qual a probabilidade de voltar com menos de R\$ 30,00?

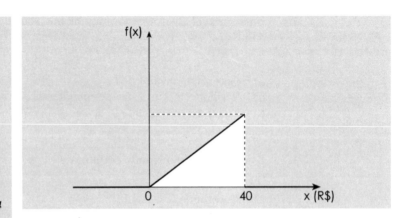

Figura 3.4

24. Seja a seguinte função densidade de probabilidade

$$f(x,y) = (xy + 2y - x - 2) \text{ com } 0 \leq x \leq a \text{ e } 0 \leq y \leq b,$$

sendo X e Y variáveis independentes.

a) Achar a e b.
b) Qual a probabilidade de $X \leq a/3$ simultaneamente com $Y \geq b/2$?
c) Qual a variância de $W = X - Y$?

25. Sorteiam-se dois números independentes, X e Y, a partir de uma distribuição uniforme entre 0 e 1. Os dois valores x e y dividem o segmento unitário em três partes. Qual a probabilidade de se poder construir um triângulo, empregando as três partes como lados?

Sugestão. Considere a distribuição bidimensional de X e Y e verifique as regiões em que a formação de triângulos é possível.

4 — PRINCIPAIS DISTRIBUIÇÕES DISCRETAS

4.1 RESUMO TEÓRICO

Neste capítulo trataremos de algumas distribuições de probabilidade discretas que, pela sua importância, merecem um estudo especial. Conforme veremos, tais distribuições partem da pressuposição de certas hipóteses bem definidas. Como diversas situações reais muitas vezes se aproximam dessas hipóteses, os modelos aqui descritos são úteis no estudo de tais situações, daí a sua importância. Por outro lado, embora os conhecimentos adquiridos nos Caps. 1 e 2, em diversos casos, já fossem suficientes para resolver problemas aqui apresentados, existe o aspecto da sistematização da solução, o que indiscutivelmente contribui para sua facilidade.

1. Distribuição equiprovável

Enquadram-se aqui as distribuições em que os possíveis valores da variável tenham todos a mesma probabilidade. Logo, se existirem n valores possíveis, cada qual terá probabilidade igual a $1/n$. Merece destaque o caso em que os n valores são equiespaçados, ou seja, a diferença entre eles é constante. Nesse caso, a distribuição ficará perfeitamente caracterizada se conhecermos três características, que poderão por exemplo ser o primeiro valor x_1, a diferença constante h e o número de valores n. Como nesse caso os valores obedecem a uma progressão aritmética, o último valor será

$$x_n = x_1 + (n-1)h.$$

Pode-se mostrar que, no caso de valores equiespaçados,

$$E(X) = \frac{x_1 + x_n}{2}$$ (4.1)

e

$$\sigma^2(X) = \frac{h^2\left(n^2 - 1\right)}{12}.^*$$ (4.2)

2. Distribuição de Bernoulli

Seja um experimento onde só pode ocorrer um de dois resultados, ou "sucesso" ou "fracasso", e associamos uma variável aleatória X aos possíveis resultados, de forma que

$X = 1$ se o resultado for um sucesso,
$X = 0$ se o resultado for um fracasso.

Diremos que a variável aleatória assim definida tem distribuição *de Bernoulli*.

Sendo p a probabilidade de ocorrer um sucesso, a probabilidade de ocorrer um fracasso será $q = 1-p$ e a função probabilidade da distribuição de Bernoulli será

$$P(X) = \begin{cases} q = 1 - p & \text{para} \quad x = 0; \\ p & \text{para} \quad x = 1; \\ 0 & \text{para} \quad x \text{ diferente de 0 ou 1.} \end{cases}$$ (4.3)

Utilizando as definições da média e da variância pode-se facilmente demonstrar que

$$E(X) = p;$$ (4.4)

$$\sigma^2(X) = pq.$$ (4.5)

Essa distribuição tem importância como geradora de novas distribuições, conforme veremos a seguir.

De fato, um processo probabilístico onde ocorre uma sucessão de provas de Bernoulli, independentes e idênticas, ou seja, todas com a mesma probabilidade de sucesso p, é dito um Processo de Bernoulli. Existem, como veremos, algumas importantes distribuições de probabilidade associadas a esse processo, a primeira das quais será estudada a seguir.

---

*A demonstração pode ser feita com base no Exerc. 2.4.5 e nas propriedades da média e da variância

3. Distribuição binomial

Seja um experimento dentro das seguintes condições:

a) são realizadas n provas independentes;

b) cada prova é uma prova de Bernoulli, ou seja, só pode levar a sucesso ou fracasso;

c) a probabilidade p de sucesso em cada prova é constante (em conseqüência, a probabilidade de fracasso $q = 1 - p$ também o será).

Associando uma variável aleatória X igual ao número de sucessos nessas n provas, X poderá assumir os valores $0, 1, 2, 3, ..., n$.

Vamos determinar a distribuição de probabilidades dessa variável X, dada através da probabilidade de um número genérico k de sucessos.

Suponhamos que ocorram apenas sucessos nas k primeiras provas e apenas fracassos nas $n - k$ provas restantes. Indicando sucesso em cada prova por 1 e fracasso por 0, temos

$$\underbrace{1,1,1,...1}_{k},\underbrace{0,0,...,0}_{n-k}.$$

Como as provas são independentes, a probabilidade de ocorrência desse evento é $p^{k} \cdot q^{n-k}$. Porém, o evento "k sucessos em n provas" pode acontecer em outras ordens distintas, todas com a mesma probabilidade.

Como o número de ordens é o número de combinações de n elementos k a k, a probabilidade de ocorrerem k sucessos em n provas será

$$P(X = k) = \binom{n}{k} p^{k} q^{n-k} \tag{4.6}$$

onde $\binom{n}{k}$ é o número de combinações de n elementos k a k, dado pela Análise Combinatória por

$$\binom{n}{k} = \frac{n!}{k!(n-k)!} = \frac{n(n-1)...(n-k+1)}{k(k-1)...2.1}.$$

Note-se que esta expressão depende exclusivamente de conhecimento de dois parâmetros característicos: o número de provas n e a probabilidade de sucesso em cada prova p. Ou seja, dados **n** e **p**, uma distribuição binimonal fica perfeitamente caracterizada e podemos calcular $P(X = k)$ para qualquer **k**.

A expressão obtida para $P(X = k)$ é o $(k + 1)^{0}$ termo do desenvolvimento de $(q + p)^{n}$ segundo a conhecida fórmula do Binômio de Newton, daí o nome "distribuição binomial", dado a essa distribuição.

Capítulo 4 — PRINCIPAIS DISTRIBUIÇÕES DISCRETAS

Consideremos como exemplo o caso do lançamento de cinco dados honestos ou, igualmente, do lançamento de um dado honesto cinco vezes. Queremos calcular a probabilidade de o ponto seis aparecer exatamente duas vezes.

Este exemplo se enquadra perfeitamente nas hipóteses do modelo de uma distribuição binominal, com parâmetros característicos $n = 5$ e $p = \frac{1}{6}$. Logo:

$$P(X = 2) = \binom{5}{2}\left(\frac{1}{6}\right)^2\left(\frac{5}{6}\right)^3 = \frac{5!}{2!\,3!}\left(\frac{1}{6}\right)^2\left(\frac{5}{6}\right)^3 =$$

$$= \frac{5.4}{2.1}\left(\frac{1}{6}\right)^2\left(\frac{5}{6}\right)^3 \cong 0,1608$$

Este resultado poderia ser obtido pela aplicação das propriedades da probabilidade, vistas no Cap. 1, mas o conhecimento da distribuição binominal simplifica o seu cálculo, tornando-o automático.

As expressões para a média e variância de uma distribuição binomial podem ser facilmente obtidas encarando a variável binomial X como uma soma de n variáveis independentes tipo Bernoulli Y_i, ou seja,

$$X = Y_1 + Y_2 + \ldots Y_n.$$

Aplicando as propriedades da média e variância e lembrando que $E(Y_i) = p$ e $\sigma^2(Y_i) = pq$, conforme (4.4 e 4.5), temos

$$E(X) = E(Y_1 + Y_2 + \ldots + Y_n) = p + p + \ldots + p = np \qquad (4.7)$$

$$\sigma^2(X) = \sigma^2(Y_1 + Y_2 + \ldots + Y_n) = pq + pq + \ldots + pq = npq \quad (4.8)$$

O cálculo das probabilidades binomiais é em geral trabalhoso para n grande.

Para alguns valores selecionados de n e p, podemos usar a Tab. 1 apresentada no Apêndice III a título de ilustração.

Por exemplo, para calcular a probabilidade binomial com

$$n = 20;$$
$$p = 0,8;$$
$$k = 15;$$

temos, pela tabela mencionada,

$$P(X = 15) = \binom{20}{15}(0,8)^{15}(0,2)^5 = 0,1746.$$

Para $n = 20$, $p = 0{,}2$, $k = 6$, teríamos

$$P(X=6) = \binom{20}{6}(0{,}2)^6(0{,}8)^{14} = 0{,}1091.$$

Outro recurso de cálculo consiste em usar a aproximação pela distribuição normal quando n for grande, conforme será visto em 5.1.5.

4. Distribuição geométrica

Esta distribuição, como também a seguinte, está relacionada com o processo de Bernoulli.

Seja o experimento que consiste em se repetir uma prova de Bernoulli tantas vezes quantas forem necessárias até se obter o primeiro sucesso. Se forem provas independentes e de mesma probabilidade de sucesso p, então o número de tentativas necessárias X terá "distribuição geométrica", sendo imediato verificar que

$$P(X = k) = p \cdot q^{k-1} \qquad (4.9)$$

A média e variância dessa distribuição são

$$E(X) = \sum_i x_i P(x_i) = \sum_{k=1}^{\infty} k \cdot pq^{k-1} = \ldots = \frac{1}{p}; \qquad (4.10)$$

$$\sigma^2(X) = \sum_i x_i^2 P(x_i) - \left[E(X)\right]^2 =$$

$$= \sum_{k=1}^{\infty} k^2 \cdot p\, q^{k-1} - \frac{1}{p^2} \ldots = \frac{q}{p}. \qquad (4.11)$$

A distribuição geométrica tem a propriedade de "não ter memória", isto é, a probabilidade de que o número de provas até o primeiro sucesso seja $s + t$ sabendo-se que as s primeiras provas foram fracassos é igual à probabilidade de o número de provas até o primeiro sucesso ser igual às t provas restantes, ou seja

$$P(X = s + t \mid X > s) = P(X = t).$$

5. Distribuição de Pascal

Nas condições em que foi definida a distribuição geométrica, se considerarmos X o número de tentativas até se obter o *r-ésimo* sucesso, teremos uma "distribuição de Pascal".

Para que o *r-ésimo* sucesso ocorra na *k-ésima* tentativa, é necessário que haja um sucesso nesta tentativa e, além disso, haja $r-1$ sucessos nas $k-1$ tentativas anteriores, evento esse cuja probabilidade é dada pela distribuição binomial. Assim sendo

$$P(X=k) = p \cdot \binom{k-1}{r-1} p^{r-1} q^{(k-1)-(r-1)};$$

$$\therefore P(X=k) = \binom{k-1}{r-1} p^r q^{k-r}, \qquad (4.12)$$

$$k = r,\ r+1,\ r+2, \dots$$

A média e variância dessa distribuição são

$$E(X) = \sum_i x_i P(x_i) = \sum_{k=r}^{\infty} k \cdot \binom{k-1}{r-1} p^r q^{k-r} = \dots = \frac{r}{p}; \quad (4.13)$$

$$\sigma^2(X) = \sum_i \left[x_i - E(X) \right]^2 P(x_i) =$$

$$= \sum_{k=r}^{\infty} \left(k - \frac{r}{p} \right)^2 \cdot \binom{k-1}{r-1} p^r q^{k-r} = \dots = \frac{rq}{p^2}. \qquad (4.14)$$

Estes resultados podem também ser obtidos simplesmente considerando-se o fato de que uma variável de Pascal é a soma de r variáveis geométricas independentes.

6. Distribuição hipergeométrica

Consideremos um conjunto de N elementos, r dos quais têm uma determinada característica $(r \leq N)$. Serão extraídos n elementos $(n \leq N)$ sem reposição.

A distribuição de probabilidade da variável aleatória X, igual ao número de elementos com a referida característica que estarão entre os n retirados é dita distribuição *hipergeométrica*.

A função probabilidade resulta diretamente da aplicação da regra prática dada pela 1.10, obtendo-se

$$P(X=k) = \frac{\binom{r}{k}\binom{N-r}{n-k}}{\binom{N}{n}};$$

$$(4.15)$$

com $k = 0, 1, 2, \dots, n^*$.

---

*A rigor, os possíveis valores de X são os inteiros tais que
$$\max(0,\ n-N+r) \leq X \leq \min(r,\ n)$$
mas a própria fórmula indica os valores entre 0 e n eventualmente impossíveis, através de combinatórios absurdos.

Chamando $\frac{r}{N} = p$ e $\frac{N-r}{N} = q$, teremos para a média e variância

$$E(X) = \sum_k k \cdot \frac{\binom{r}{k}\binom{N-r}{n-k}}{\binom{N}{n}} = \ldots = \frac{rn}{N} = np; \qquad (4.16)$$

$$\sigma^2(X) = \sum_k k^2 \cdot \frac{\binom{r}{k}\binom{N-r}{n-k}}{\binom{N}{n}} - \left(np\right)^2 = \ldots = npq \cdot \frac{N-n}{N-1}.$$

$$(4.17)$$

Note-se que se as extrações fossem feitas *com* reposição, teríamos uma distribuição binomial. Na prática, quando o número de elementos retirados (n) for muito menor que o número total de elementos (N), usa-se a distribuição binomial como aproximação da distribuição hipergeométrica.

Alguns autores indicam que, quando $\frac{n}{N} \leq 0,1$, é razoável tal aproximação.

7. Distribuição de Poisson

No caso da distribuição binomial, a variável de interesse era o número de sucessos em um intervalo discreto (n provas). Muitas vezes, entretanto, estamos interessados no número de sucessos em um intervalo contínuo, que pode ser um intervalo de tempo, comprimento, superfície, etc.

Assim, por exemplo, suponhamos que em determinado processo de fabricação de perfil de alumínio apareçam em média uma falha cada 400 m, o que equivale a 0,0025 falhas por metro. Essa é a freqüência média de sucessos no fenômeno, que designaremos por λ.

Suponhamos agora que queremos estudar a distribuição do número de falhas que aparecerão em comprimentos de 1.000 m. Esse número será uma variável aleatória X e, sob certas condições, poderemos obter uma expressão analítica para sua função probabilidade.

Desde já podemos perceber que, sendo t o intervalo de observação que nos interessa, a média da variável aleatória X será dada por λt. No exemplo citado, teríamos

$$E(X) = \lambda t = 0,0025 \text{ falhas}/m \cdot 1.000 \ m = 2,5 \text{ falhas}.$$

Se admitirmos que

a) eventos definidos em intervalos não sobrepostos são independentes;

b) em intervalos de mesmo tamanho, são iguais as probabilidades de ocorrência de um mesmo número de sucessos;

c) em intervalos muito pequenos, a probabilidade de mais de um sucesso é desprezível;

d) em intervalos muito pequenos, a probabilidade de um sucesso é proporcional ao tamanho do intervalo;

poderemos chegar a uma expressão analítica para $P(X = k)$.

Note-se que as suposições a e b acima implicam que os sucessos ocorram com total aleatoriedade e independência, caracterizando um processo denominado de Poisson. Por outro lado, as suposições c e d serão em geral tanto mais válidas quanto menores os intervalos considerados. Assim, iremos admitir que elas sejam plenamente válidas quando o tamanho do intervalo tender a zero.

Imaginemos agora o intervalo t dividido em n pequenos intervalos de igual comprimento t/n, de modo a que as suposições c e d sejam válidas. Então, a probabilidade de se obter k sucessos no intervalo t será a probabilidade de que em k intervalos ocorra um sucesso, que poderá ser obtida aproximadamente pela fórmula binomial

$$P(X = k) \cong \binom{n}{k} \cdot p^k \cdot (1-p)^{n-k}.$$

Associando a cada pequeno intervalo uma variável de Bernoulli, em que sucesso será a ocorrência de um sucesso no intervalo, teremos que sua média será $\lambda t/n$ e igual a probabilidade de sucesso p em cada intervalo, pelo resultado 4.4.

Por outro lado, a expressão acima será rigorosamente válida quando o número de intervalos tender ao infinito. Logo

$$P(X = k) = \lim_{n \to \infty} \binom{n}{k} \left(\frac{\lambda t}{n}\right)^k \cdot \left(1 - \frac{\lambda t}{n}\right)^{n-k}.$$

Desenvolvendo esse limite, obtém-se

$$P(X = k) = \frac{e^{-\lambda t} \cdot (\lambda t)^k}{k!}; \tag{4.18}$$

para $k = 0, 1, 2, \ldots$, onde e é o número de Euler e vale 2,71828...

Já vimos que $E(X) = \lambda t$. Entretanto, esse resultado pode ser confirmado pelo cálculo direto, ou seja

$$E(X) = \sum_{k=0}^{\infty} k \cdot \frac{e^{-\lambda t} \cdot (\lambda t)^k}{k!} = \ldots = \lambda t.$$

(4.19)

Por outro lado

$$\sigma^2(X) = \sum_{K=0}^{\infty} k^2 \cdot \frac{e^{-\lambda t} \cdot (\lambda t)^k}{k!} - (\lambda t)^2 = \ldots = \lambda t.$$

(4.20)

Logo, a distribuição de Poisson tem variância igual à média, sendo uma distribuição que fica bem determinada pelo conhecimento de um único parâmetro característico, sua média $\mu = \lambda t$.

É comum escrever-se

$$P(X = k) = \frac{e^{-\mu} \cdot \mu^k}{k!}, \quad \text{onde } \mu = \lambda t.$$

Também pode ser útil a expressão de recorrência

$$P(X = k) = \frac{e^{-\mu} \cdot \mu^k}{k!} = \frac{\mu}{k} \cdot \frac{e^{-\mu} \cdot \mu^{k-1}}{(k-1)!} = \frac{\mu}{k} \cdot P(X = k-1),$$

(4.21)

válida para $k \geq 1$.

O uso desta expressão permite mostrar que a moda de uma distribuição de Poisson é o maior inteiro contido na média. Se a média já for um inteiro, haverá duas modas $\mu - 1$ e μ.

Voltando ao exemplo dos perfis de alumínio anteriormente dado, se quisermos a probabilidade de ocorrerem 3 falhas em 1.000 m de perfil, teremos

$$P(X = 3) = \frac{e^{-\mu} \cdot \mu^3}{3!} = \frac{e^{-2,5} \cdot 2,5^3}{3!} = 0,2138.$$

Esse valor foi obtido diretamente a partir da Tab. 2 do Apêndice III, que fornece a função probabilidade da distribuição de Poisson, para alguns valores de μ.

Para o caso de valores mais elevados de μ, o cálculo das probabilidades na distribuição de Poisson pode ser feito aproximadamente, conforme será visto em 5.15.

8. Aproximações da distribuição binomial

Foi visto que a distribuição de Poisson resulta de um caso limite de uma distribuição binomial quando n cresce, p decresce e mantém-se constante a quantidade $\mu = np = \lambda t$. Como conseqüência, o cálculo das probabilidades binomiais quando p é pequeno e n é grande pode ser feito aproximadamente pela distribuição de Poisson de mesma média $\mu = np$. Em geral, se considera que valores de p menores que 0,10 fornecem boas aproximações. Assim, por exemplo, se retirarmos 50 peças da produção de uma máquina que fornece 2% de produção defeituosa, a probabilidade de encontrarmos duas peças defeituosas será

$$P(X = 2) = \binom{50}{2}(0,02)^2 \cdot (0,98)^{48} = 0,1857.$$

Usando a aproximação pela distribuição de Poisson de mesma média, $\mu = np = 50 \cdot 0,02 = 1$, temos

$$P(X = 2) = \frac{e^{-1} \cdot 1^2}{2!} = \frac{1}{2e} = 0,1839.$$

9. Distribuição polinomial ou multinomial

Seja um experimento obedecendo às seguintes hipóteses.

a) São realizadas n provas independentes.

b) Cada prova admite um único dentre r possíveis resultados.

c) As probabilidades p_i de ocorrer um determinado resultado i são constantes para todas as provas.

Associaremos a esse experimento a variável aleatória multidimensional $(X_1, X_2, ..., X_S,)$, cada dimensão indicando o número de vezes que ocorre o correspondente resultado nas n provas. Essa distribuição multidimensional é dita distribuição *polinomial* ou *multinomial*, correspondendo a uma generalização da distribuição binomial.

Por raciocínio análogo ao feito para a distribuição binomial, chega-se a

$$P\left(X_1 = k_1; X_2 = k_2; ...; X_S = k_S\right) =$$

$$= \frac{n!}{k_1! k_2! ... k_S!} \cdot p_1^{k_1} p_2^{k_2} ... p_S^{k_S} \qquad (4.22)$$

onde

$$\sum_{i=1}^{S} k_i = n \quad e \quad \sum_{i=1}^{S} p_i = 1.$$

10. Distribuição multi-hipergeométrica

Seja um conjunto de N elementos, dos quais r_i têm determinadas características, $i = 1, 2,...., s$.

Serão extraídos n elementos $(n \leq N)$ sem reposição.

Associaremos a esse experimento a variável aleatória multidimensional $(X_1, X_2, ..., X_S)$, cada dimensão indicando o número de vezes que ocorre a correspondente característica nas n extrações.

Essa distribuição multidimensional é dita distribuição multi-hipergeométrica sendo, evidentemente, uma generalização da distribuição hipergeométrica.

A aplicação das propriedades da probabilidade vistas no Cap.1 leva, sem mais dificuldades, a

$$P\left(X_1 = k_1; X_2 = k_2;...; X_S = k_S\right) = \frac{\binom{r_1}{k_1} \cdot \binom{r_2}{k_2} \cdots \binom{r_S}{k_S}}{\binom{N}{n}}$$

onde $\displaystyle\sum_{i=1}^{S} r_i = N$ e $\displaystyle\sum_{i=1}^{S} k_i = n$. \hfill (4.23)

4.2 EXERCÍCIOS RESOLVIDOS

1 Num determinado processo de fabricação, 10% das peças são consideradas defeituosas. As peças são acondicionadas em caixas com 5 unidades cada uma.

a) Qual a probabilidade de haver exatamente 3 peças defeituosas numa caixa ?

b) Qual a probabilidade de haver duas ou mais peças defeituosas numa caixa?

c) Se a empresa paga uma multa de R\$ 10,00 por caixa em que houver alguma peça defeituosa, qual o valor esperado da multa num total de 1.000 caixas?

Solução　a) Podemos considerar para cada caixa 5 provas, sendo o resultado de cada prova peça boa ou defeituosa. Chamando sucesso em cada prova ao aparecimento de uma peça defeituosa temos, pela "fórmula binomial" (4.6)

$$P(X = 3) = \binom{5}{3}(0,10)^3 (0,90)^2 = \frac{5 \cdot 4 \cdot 3}{3 \cdot 2 \cdot 1} \cdot (0,10)^3 (0,90)^2 =$$

$$= 10 \cdot 0,001 \cdot 0,81 = 0,0081.$$

b) P(duas ou mais defeituosas) $= P(X=2) + P(X=3) + P(X=4) + P(X=5)$. Ao invés de calcularmos dessa forma, é mais conveniente usarmos o evento complementar

$$P(X \geq 2) = 1 - \left[P(X=0) + P(X=1) \right];$$

$$P(X=0) = \binom{5}{0}(0,10)^0 (0,90)^5 = (0,90)^5 = 0,5905;$$

$$P(X=1) = \binom{5}{1}(0,10)^1 (0,90)^4 = 5 \cdot 0,10 \cdot (0,90)^4 = 0,3280;$$

$$\therefore P(X \geq 2) = 1 - \left[0,5905 + 0,3280 \right] = 0,0815.$$

c) A probabilidade de uma caixa pagar multa é

$$P(CM) = 1 - P(X=0) = 1 - 0,5905 = 0,4095.$$

Teremos uma nova binomial com $n' = 1.000$ e $p' = 0,4095$. O número esperado de caixas com uma ou mais peças defeituosas será

$$E(CM) = n'p' = 1.000 \times 0,4095 = 409,5 \text{ caixas.}$$

Como o valor de cada multa é R\$ 10,00, o valor esperado das multas será

$$CM = \text{R\$ } 10,00 \times 409,5 = \text{R\$ } 4.095,00.$$

2 Uma empresa recebe, em média, um telegrama a cada dois dias úteis. Qual a probabilidade de que, em uma semana com cinco dias úteis, essa empresa receba:

a) Exatamente dois telegramas
b) Pelo menos dois telegramas

Solução O número médio de telegramas recebidos em cinco dias úteis é

$$\mu = \lambda t = 1/2 \text{ dias} \cdot 5 \text{ dias} = 2,5$$

Se pudermos considerar aplicáveis a este fenômeno as hipóteses do modelo de Poisson, teremos:

a) $$P(X=2) = \frac{2.5^2 \cdot e^{-2,5}}{2!} = 0,2565$$

Este valor foi lido diretamente na Tab. 2 do Apêndice III.

b) Usaremos o evento complementar:

$$P(X \geq 2) = 1 - P(X \leq 1) = 1 - \left[P(X=0) + P(X=1) \right] =$$
$$= 1 - (0,0821 + 0,2052) = 0,7127$$

3 João deve a Antonio R\$ 130,00. Cada viagem de Antonio à casa de João custa R\$ 20,00, e a probabilidade de João ser encontrado em casa é 1/3. Se Antonio encontrar João, conseguirá cobrar a dívida.

a) Qual a probabilidade de Antonio ter de ir mais de 3 vezes à casa de João para conseguir cobrar a dívida?

b) Se na segunda vez em que Antonio foi à casa de João ainda não o encontrou, qual a probabilidade de conseguir cobrar na terceira vez?

c) Qual a expectativa de Antonio quanto ao valor líquido que terá em mãos após a cobrança da dívida?

Solução a) Vemos que o número de viagens até conseguir cobrar a dívida tem distribuição geométrica. A probabilidade de ir mais de 3 vezes é

$$P(X > 3) = P(X = 4) + P(X = 5) + \ldots$$

ou, calculando pelo evento complementar

$$P(X > 3) = 1 - \left[P(X = 1) + P(X = 2) + P(X = 3) \right];$$

$$P(X = 1) = q^0 p = 1 \cdot \frac{1}{3} = \frac{1}{3};$$

$$P(X = 2) = q^1 p = \frac{2}{3} \cdot \frac{1}{3} = \frac{2}{9};$$

$$P(X = 3) = q^2 p = \frac{4}{9} \cdot \frac{1}{3} = \frac{4}{27};$$

$$\therefore P(X > 3) = 1 - \left(\frac{1}{3} + \frac{2}{9} + \frac{4}{27} \right) = \frac{8}{27}.$$

b)
$$P\left(X = 3 \middle| X > 2 \right) = \frac{P(X = 3 \cap X > 2)}{P(X > 2)} = \frac{P(X = 3)}{P(X > 2)};$$

$$P(X > 2) = 1 - \left[P(X = 1) + P(X = 2) \right] =$$

$$= 1 - \left(\frac{1}{3} + \frac{2}{9} \right) = \frac{4}{9}.$$

Portanto,

$$P\left(X = 3 \middle| X > 2 \right) = \frac{4/27}{4/9} = \frac{1}{3}.$$

Esse resultado é igual a $P(X = 1)$, o que resulta da propriedade de a distribuição geométrica não ter memória.

c) O número esperado de viagens que Antonio terá que fazer é, segundo (4.10)

$$\mu = \frac{1}{p} = \frac{1}{1/3} = 3.$$

Logo, Antonio gastará em média 3 x R$ 20,00 = R$ 60,00 nas suas tentativas de cobrança e o a expectativa para o valor líquido que terá em mãos será

R$ 130,00 – R$ 60,00 = R$ 70,00.

4 Uma companhia recebeu uma encomenda para fundir 3 peças complicadas. A probabilidade de se conseguir um molde adequado é 0,4, sendo o molde destruído quando da retirada da peça. O custo de cada molde é R$ 500,00 e, se o molde não for adequado, a peça é refugada, perdendo-se R$ 700,00 de material.

a) Qual a probabilidade de se fundir no máximo 6 peças para atender à encomenda?

b) Qual o preço a ser cobrado pelo serviço para se ter um lucro esperado de R$ 1.000,00 na encomenda?

Solução   a) O problema é determinar a probabilidade do número de prova ser menor ou igual a 6 até atingido o 3.° sucesso. Estamos então tratando com uma distribuição de Pascal, em que as probabilidades serão calculadas, conforme (4.12). Temos

$$P(X \le 6) = P(X = 3) + P(X = 4) + P(X = 5) + P(X = 6);$$

$$P(X = 3) = \binom{2}{2}(0,4)^3(0,6)^0 = 1 \cdot 0,064 \cdot 1 = 0,0640;$$

$$P(X = 4) = \binom{3}{2}(0,4)^3(0,6)^1 = 3 \cdot 0,064 \cdot 0,6 = 0,1152;$$

$$P(X = 5) = \binom{4}{2}(0,4)^3(0,6)^2 = 6 \cdot 0,064 \cdot 0,36 = 0,1382;$$

$$P(X = 6) = \binom{5}{2}(0,4)^3(0,6)^3 = 10 \cdot 0,064 \cdot 0,216 = 0,1382;$$

$$\therefore P(X \le 6) = 0,0640 + 0,1152 + 0,1382 + 0,1382 = 0,4556.$$

b)   O custo total será

$$C = 500 \cdot X + 700 \, (X - 3) = 1.200 \, X - 2.100,$$

onde X é número de peças fundidas. Lembrando-se que $E(X) = r/p$, vem

$$E(C) = 1.200 \cdot E(X) - 2.100 = 1.200 \cdot \frac{3}{0,4} - 2.100 = R\$6.900,00.$$

Logo, o preço a ser cobrado para um lucro esperado de R$ 1.000,00 é de R$ 7.900,00.

4.2 — EXERCÍCIOS RESOLVIDOS   **99**

5   Uma caixa contém 12 lâmpadas das quais 5 estão queimadas. São escolhidas 6 lâmpadas ao acaso para a iluminação de uma sala. Qual a probabilidade de que

a)   Exatamente duas estejam queimadas?
b)   Pelo menos uma esteja boa?
c)   Pelo menos duas estejam queimadas?

Solução   a)   Aplicando a distribuição hipergeométrica com $N = 12$, $r = 5$, $n = 6$, temos

$$P(X = 2) = \frac{\binom{5}{2}\binom{7}{4}}{\binom{12}{6}} = \frac{\frac{5!}{2!3!} \cdot \frac{7!}{4!3!}}{\frac{12!}{6!6!}} = 0,7576.$$

b)   Se são retiradas 6 lâmpadas e somente 5 estão queimadas, forçosamente pelo menos uma será boa, portanto

P(pelo menos uma boa) = 1.

c)   Usando o evento complementar

$$P(X \geq 2) = 1 - \big[P(X = 0) + P(X = 1) \big];$$

$$P(X = 0) = \frac{\binom{5}{0}\binom{7}{6}}{\binom{12}{6}} = \frac{\frac{5!}{0!5!} \cdot \frac{7!}{6!1!}}{\frac{12!}{6!6!}} = 0,0076,$$

$$P(X = 1) = \frac{\binom{5}{1}\binom{7}{5}}{\binom{12}{6}} = \frac{\frac{5!}{1!4!} \cdot \frac{7!}{5!2!}}{\frac{12!}{6!6!}} = 0,1136,$$

$$\therefore \quad P(X \geq 2) = 1 - \big[0,0076 + 0,1136 \big] = 0,8788.$$

6   Uma máquina apresenta 2% de peças defeituosas em sua produção. Retiradas 200 peças ao acaso, calcular a probabilidade de que:

a)   Exatamente cinco sejam defeituosas;
b)   Pelo menos cinco sejam defeituosas.

Solução   a)   O número de peças defeituosas nessa amostra será uma variável binominal com parâmetros $n = 200$ e $p = 0,02$.

Logo

$$P(X=5)=\binom{200}{5}\cdot(0,02)^5\cdot(0,98)^{195}=$$

$$=\frac{200\cdot199.198.197.196}{5.4.3.2.1}\cdot(0,02)^5\cdot(0,98)^{195}=0,1579$$

Como $p \ll 0,10$, este cálculo poderia ser feito aproximadamente usando uma distribuição de Poisson de média

$$\mu = np = 200 \cdot 0,02 = 4$$

$$\therefore P(X=5) \cong \frac{4^5\cdot e^{-4}}{5!}=0,1563,$$

resultado que foi lido na Tab. 2 do Apêndice III.

b) Semelhantemente,

$$P(X\geq5)=\sum_{k=5}^{200}\binom{200}{k}\cdot(0,02)^k\cdot(0,98)^{200-k}=$$

$$=1-\sum_{k=0}^{4}\binom{200}{k}\cdot(0,02)^k\cdot(0,98)^{200-k}$$

Aproximando por Poisson;

$$P(X\geq5)=1-\big[P(X=0)+P(X=1)+P(X=2)+$$
$$+P(X=3)+P(X=4)\big]=1-(0,0183+0,0733+$$
$$+\ 0,1465+0,1954+0,1954)=0,3711$$

7 Uma fábrica tem sua produção composta de 30% da máquina A, 20 % da máquina B e 50 % da máquina C. Retirando-se 9 peças da produção

a) Qual a probabilidade de serem 4 da máquina A, 2 da máquina B e 3 da máquina C?

b) Qual a probabilidade de não haver nas 9 peças nenhuma da máquina B?

Solução   a) Aplicando diretamente a fórmula da distribuição polinomial, temos

$$P\big(X_1=4;\,X_2=2;\,X_3=3\big)=$$

$$=\frac{9!}{4!2!3!}\cdot(0,3)^4(0,2)^2(0,5)^3=0,0510.$$

b) Podemos considerar "sair peça da máquina B" sucesso e não sair, fracasso. Recaímos assim numa distribuição binomial, e

$$P(X_2 = 0) = \binom{9}{0}(0,2)^0(0,8)^9 = 0,1342.$$

8 Uma caixa contém 20 bolas, sendo 3 brancas, 4 azuis, 6 vermelhas e 7 pretas. Retirando-se 8 bolas dessa caixa sem reposição qual a probabilidade de saírem 1 branca, 2 azuis, 2 vermelhas e 3 pretas?

Solução Vamos aplicar o modelo multi-hipergeométrico, onde

$$N = 20, n = 8, r_1 = 3, r_2 = 4, r_3 = 6, r_4 = 7,$$

desejando-se

$$P(X_1 = 1; X_2 = 2; X_3 = 2; X_4 = 3) =$$

$$= \frac{\binom{3}{1} \cdot \binom{4}{2} \cdot \binom{6}{2} \cdot \binom{7}{3}}{\binom{20}{8}} =$$

$$= \frac{3 \cdot \dfrac{4.3}{2.1} \cdot \dfrac{6.5}{2.1} \cdot \dfrac{7.6.5}{3.2.1}}{\dfrac{20 \cdot 19 \cdot 18 \cdot 17 \cdot 16 \cdot 15 \cdot 14 \cdot 13}{8 \cdot 7 \cdot 6 \cdot 5 \cdot 4 \cdot 3 \cdot 2 \cdot 1}} = 0,0750$$

4.3 EXERCÍCIOS SELECIONADOS

1 Demonstre que a média e a variência de uma distribuição de Bernoulli são dadas respectivamente por p e pq.

2 Cinco equipes brasileiras de futebol disputam no mesmo dia cinco jogos no exterior. Admitindo serem 0,4; 0,7; 0,6; 0,3 e 0,8 suas probabilidades de vitória, determinar

a) o número esperado de vitórias nesse dia;
b) o desvio padrão do número de vitórias nesse dia.

3 Jogando-se 8 vezes uma moeda, qual a probabilidade de se obter

a) quatro caras e quatro coroas?
b) duas caras e seis coroas?
c) um número ímpar de caras?

4 Um exame consta de 10 perguntas de igual dificuldade. Sendo 5 a nota de aprovação, qual a probabilidade de que seja aprovado um aluno que sabe 40% da matéria?

5 Um dado é lançado 5 vezes. Qual a probabilidade de

a) não dar ponto 5?
b) dar ponto 5 pelo menos 2 vezes?
c) dar ponto 5 exatamente 3 vezes?

6 Numa urna existem 7 bolas brancas, 2 bolas pretas e 1 bola vermelha. São retiradas 10 bolas com reposição. Calcular a probabilidade de sair

a) exatamente 3 bolas brancas;
b) no mínimo 3 bolas pretas;
c) alguma bola vermelha.

7 Uma distribuição binomial tem média igual a 3 e variância igual a 2. Calcule $P(X = 2)$.

8 Oito moedas são lançadas cinco vezes. Calcule a probabilidade de que, em dois desses cinco lançamentos, se obtenham quatro caras e quatro coroas.

9 Se 5% das reses de uma fazenda são doentes, achar a probabilidade que, numa amostra de 6 reses escolhidas ao acaso, tenhamos

a) nenhuma doente;
b) uma doente;
c) mais do que uma doente.

10 Um produtor de sementes vende pacotes com 20 sementes cada. Os pacotes que apresentarem mais de uma semente sem germinar serão indenizados. A probabilidade de uma semente germinar é 0,98.

a) Qual é a probabilidade de um pacote não ser indenizado?
b) Se o produtor vende 1000 pacotes, qual é o número esperado de pacotes indenizados?
c) Quando o pacote é indenizado, o produtor tem um prejuízo de R$ 1,20, e se o pacote não for indenizado, ele tem um lucro de R$ 2,50. Qual o lucro líquido esperado por pacote?
d) Calcule a média e a variância da variável "número de sementes que não germinam por pacote".

4.3 — EXERCÍCIOS SELECIONADOS

11 Numa fábrica, a máquina 1 produz por dia o dobro de peças que a máquina 2. Sabe-se que 4% das peças fabricadas pela máquina 1 são defeituosas, enquanto 7% de defeituosas são produzidas pela máquina 2. A produção diária das máquinas é misturada. Extraída uma amostra aleatória de 20 peças, qual é a probabilidade de que essa amostra contenha

a) duas peças defeituosas?
b) três ou mais peças defeituosas?

12 Deseja-se produzir 3 peças boas em uma máquina que produz 50% de peças defeituosas. Quantas peças deve-se programar produzir para que a probabilidade de não se obterem 3 peças boas não seja superior a 50%?

13 Numa linha de produção, 6% das peças são defeituosas. As peças são acondicionadas em caixas de 20 unidades. A fábrica paga uma indenização de R$ 10,00 se em uma caixa houver 3 ou mais peças defeituosas. Quanto representa essa indenização no custo de cada peça?

14 Uma máquina apresenta 20% de defeituosos na sua produção. Um inspetor de qualidade, ignorando a percentagem real de defeituosos da máquina, retira ao acaso uma amostra de 8 peças da sua produção. Qual é a probabilidade de que ele venha a concluir, com base nessa amostra, que a proporção de defeituosos é superior a 20%? Tirando-se 6 amostras de 8 peças cada uma, qual é a probabilidade de se terem 3 amostras com mais de um item defeituoso?

15 Um industrial tem duas alternativas para a venda de seu produto, que é fornecido em lotes de 500 peças cada.

a) O comprador A, que paga R$ 8,00 por peça e não exige nenhum ensaio.

b) O comprador B, que, para cada lote recebido, retira 10 peças ao acaso e as examina: se todas as 10 forem perfeitas, paga R$ 5.000,00 pelo lote; se entre as 10 houver uma defeituosa, paga R$ 4.000,00 pelo lote; e se entre as 10 houver duas ou mais peças defeituosas, paga apenas R$ 2.500,00 pelo lote.

Sabendo o industrial ser de 10% a porcentagem real de peças defeituosas que produz, qual a melhor alternativa para a venda de seu produto?

104 Capítulo 4 — PRINCIPAIS DISTRIBUIÇÕES DISCRETAS

16 A proporção de peças defeituosas na produção de uma fábrica é de 1%. Num lote de 500 peças retiradas dessa produção, calcular a probabilidade de haver

a) exatamente 2 peças defeituosas;
b) mais de 2 peças defeituosas.

17 Numa estrada de pouco movimento passam, em média, 2 carros por minuto. Supondo a média estável, calcular a probabilidade de que, em 2 minutos, passem

a) mais de 4 carros;
b) exatamente 4 carros.

18 Um telefone recebe em média 0,25 chamadas por hora. Qual a probabilidade de, em 4 horas

a) receber no máximo 2 chamadas?
b) receber exatamente 3 chamadas?
c) receber no mínimo 3 chamadas?

19 Revisadas as provas de um livro, verificou-se que há, em média, 2 erros em cada 5 páginas. Em um livro de 100 páginas, estimar quantas não precisam ser modificadas, por não apresentarem erros.

20 Uma máquina produz tela de arame em rolos de 1m de largura. Cada 10m corridos de tela apresentam, em média, 5 defeitos, situados ao acaso em qualquer ponto da tela. Pensa-se reformar essa máquina para permitir que ela produza tela de 1,20 m de largura. Admitindo-se que essa reforma não modifique a taxa de incidência dos defeitos por área unitária da tela, qual a probabilidade de uma amostra de 7,5m de comprimento da nova produção apresentar

a) 9 defeitos?
b) 10 ou mais defeitos?

21 A oficina de manutenção de uma indústria pode atender, no horário normal, 4 casos de quebras de máquinas por dia. Em média, quebram-se 3 máquinas por dia. Se quebrarem mais de 4 em um dia, a oficina deverá fazer horas-extras para atender a essas ocorrências. Qual a probabilidade de, em uma semana (6 dias), fazerem-se horas-extras em 2 ou mais dias ?

4.3 — EXERCÍCIOS SELECIONADOS

22 Os números de defeitos de solda e de acabamento de uma certa marca de rádios são variáveis de Poisson independentes, de médias respectivamente 1,2 e 0,8. Calcular a probabilidade de que um rádio qualquer

a)   não seja perfeito,
b)   tenha, no máximo, um defeito de cada tipo.

23 Um vendedor de automóveis sabe que o número de carros vendidos por dia em sua loja comporta-se como uma variável de Poisson cuja média é 2 nos dias de bom tempo, e é 1 nos dias chuvosos. Se em 70% dos dias faz bom tempo, qual é a probabilidade de que em certo dia do ano sejam vendidos pelo menos três automóveis?

24 Numa urna existem 20 bolas brancas e 2 pretas. Calcule as probabilidades de, retiradas 7 bolas, sair apenas uma bola preta, nos dois casos

a)   as bolas são repostas na urna após as retiradas;
b)   as bolas não são repostas na urna após as retiradas.

Compare os resultados e procure interpretar a diferença encontrada.

25 Uma loja tem um lote de 10 fechaduras, das quais 5 têm defeito. Se uma pessoa comprar 3 fechaduras, qual a probabilidade de encontrar no máximo 1 defeituosa?

26 Uma urna tem 5 bolas brancas e 7 bolas pretas. Extraindo-se simultaneamente 3 bolas, qual a probabilidade de se obter

a)   2 brancas e 1 preta?
b)   alguma preta?

27 Tem-se 6 lâmpadas boas e 4 queimadas. Escolhendo-se 7 lâmpadas ao acaso, quais os possíveis valores da variável hipergeométrica X, "número de lâmpadas boas retiradas"?

28 Bolas são retiradas sucessivamente de uma urna que contém milhares de bolas, sendo 30% das bolas vermelhas, 65% pretas e 5% brancas.

a)   Qual a probabilidade de sair a primeira bola branca na sexta retirada?
b)   Qual o número médio de retiradas até sair a primeira bola vermelha?

Capítulo 4 — PRINCIPAIS DISTRIBUIÇÕES DISCRETAS

29 Um casal planejou ter filhos até conseguir pelo menos um de cada sexo. Qual a probabilidade de que, para tanto, precise ter

a) 5 filhos?
b) mais de três filhos?

Qual o número esperado de filhos do casal?

30 Um lotação, com capacidade para 5 passageiros, só pode parar nos pontos de ônibus. A probabilidade de haver uma pessoa esperando lotação em um ponto de ônibus qualquer é de 0,3 e nunca há mais de um passageiro esperando o lotação. João espera o lotação no décimo ponto de ônibus. Sabendo-se que o lotação saiu vazio do ponto inicial, qual a probabilidade de conseguir o último lugar no lotação?

31 Calcule a probabilidade de que, lançando-se seis dados, obtenha-se três pontos ímpares, dois pontos seis e um ponto quatro.

32 Em um grupo de candidatos a um emprego há 5 engenheiros, 4 economistas e 7 administradores. São chamados para entrevista os oito primeiros por ordem alfabética. Qual é a probabilidade de que, entre os chamados, haja 3 engenheiros, 1 economista e 4 administradores

4.4 EXERCÍCIOS COMPLEMENTARES

1 Mostre que a relação entre amplitude e desvio-padrão de variáveis aleatórias é mínima no caso de uma distribuição de Bernoulli simétrica. Qual o valor dessa relação nesse caso?

2 Um inspetor de qualidade quer verificar a porcentagem de peças defeituosas produzidas por uma máquina. Como dispõe de pouco tempo, examina apenas 20 peças escolhidas ao acaso. Sabendo-se que, em média, a máquina produz 30% de peças defeituosas, qual a probabilidade de que o inspetor ache um valor menor do que 15% ou maior de 35% para a porcentagem?

3 Decidiu-se abrir inscrições para um curso de administração intensivo; para o recrutamento de alunos utilizou-se o sistema de mala direta, tendo sido noticiados 4000 estudantes de engenharia e 10000 funcionários empresariais de médio a alto nível. Sabe-se que a probabilidade de um estudante noticiado do curso fazer sua inscrição no mesmo é de 50%, e que a probabilidade de um funcionário, também noticiado, fazer sua inscrição é de 80%. Pede-se,

a) em 5 alunos do curso, qual a probabilidade de que todos sejam estudantes?

b) em 5 alunos do curso, qual a probabilidade de que somente 2 sejam estudantes ?

c) em 5 alunos do curso, qual a probabilidade de que mais do que 2 sejam funcionários empresariais?

4 Uma urna contém 3 bolas brancas e 2 bolas pretas. Um experimento que consiste em retirar simultaneamente três bolas dessa urna é repetido cinco vezes consecutivas. Calcule a probabilidade de que, em pelo menos duas tentativas, sejam retiradas as duas bolas pretas.

5 Um dado é viciado, de modo que a probabilidade de dar ponto seis é igual a 0,20. Jogando-se vinte vezes o dado, calcule a probabilidade de que o ponto 6 ocorra 5 vezes, sendo três vezes nas 10 primeiras jogadas e duas vezes nas 10 jogadas finais.

6 Quantas vezes temos que lançar dois dados para termos probabilidade maior que 0,5 de que ambas as faces seis caiam voltadas para cima ao menos uma vez?

7 Uma firma recebeu um pedido de 5 peças sob especificação rigorosa. Há uma multa de R$ 150,00 se houver mais de duas defeituosas. Para essa encomenda pode-se usar a máquina A ou B. A máquina A tem um custo de ajuste de R$ 50,00 e a máquina B, de R$ 100,00. A probabilidade da máquina A fazer uma peça defeituosa é 1/3 e a da B é 1/4. Qual a melhor máquina a ser utilizada?

8 Qual o número mínimo de vezes que se deve jogar uma moeda honesta para que se tenha ao menos 95 % de probabilidade de que se obterá ao menos uma cara?

9 Seja p a probabilidade de que, lançando-se uma moeda 20 vezes, obtenhamos mais de 10 caras. Exprima em função de p a probabilidade de se obter exatamente 10 caras nos 20 lançamentos da moeda.

10 Um jogo consiste do seguinte: um jogador lança dois dados 5 vezes. Se, em pelo menos dois lançamentos (dos dois dados), ele obtiver soma dos pontos igual a sete ou maior que nove, ganha o jogo. Qual é sua probabilidade de vitória? Qual a probabilidade de que, em 4 partidas desse jogo, o jogador ganhe exatamente duas?

11 Um motorista comprou 5 pneus novos de uma certa marca para o seu carro. Sabendo-se que os pneus dessa marca têm a distribuição de defeitos conforme as porcentagens da Tab. 4.1, pede-se

a) a probabilidade de ter comprado 2 pneus defeituosos;
b) a probabilidade de que no mínimo 2 pneus não tenham a banda defeituosa;
c) o número mais provável de pneus com a válvula defeituosa que tenham sido comprados. Justificar.

Tabela 4.1		
	Válvula defeituosa	Válvula boa
Banda defeituosa	1%	2%
Banda boa	3%	94%

12 Em uma caixa temos 100 moedas, das quais 99 são perfeitas e 1 tem 2 caras. Tomando-se uma moeda ao acaso e jogando-se 10 vezes obtém-se 10 caras. Qual é a probabilidade de a moeda sobre a qual foi feita a experiência ser a moeda falsa?

13 A probabilidade de um atirador A acertar um alvo é 1/2. A probabilidade de um atirador B acertar o alvo é 1/3. Se cada um deles dispara 5 tiros, qual a probabilidade

a) de o atirador A não acertar nenhum tiro?
b) de o atirador A acertar no mínimo 2 tiros?
c) de o alvo não ser atingido por nenhum deles?
d) de um único tiro (seja de A ou de B) acertar o alvo?

14 Demonstre que, em uma distribuição binomial, a(s) moda(s) é(são) o(s) inteiro(s) contido(s) no intervalo fechado

$$[(n + 1)p - 1, (n + 1)p].$$

Sugestão: estudar o quociente $P(x + 1)/P(x)$.

15 Os aparelhos de certa fabricação possuem, em média, 1,6 defeitos cada. Se o fabricante paga uma indenização de R$ 10,00 por aparelho com mais de 2 defeitos, quanto representa a longo prazo essa indenização no custo de cada aparelho?

4.4 — EXERCÍCIOS COMPLEMENTARES

16 O número médio de defeitos de solda em um certo tipo de aparelho de rádio é de um defeito por aparelho. Supondo que o modelo de Poisson possa ser aplicado, calcular a probabilidade de que um aparelho qualquer tenha no máximo dois defeitos. Em um lote de cinco aparelhos, qual a probabilidade de que
   a) nenhum aparelho tenha defeito?
   b) no máximo dois tenham mais que dois defeitos?

17 Num tear é produzido tecido com largura de 2,5 m. Defeitos de produção aparecem aleatoriamente no tecido, à razão média de um defeito para cada 2 m produzidos. Qual a probabilidade de que um corte de 2,5 m^2 tenha dois ou mais defeitos? Qual a probabilidade de que, em três cortes desse tipo, dois sejam perfeitos e um tenha um único defeito?

18 Um pintor de paredes comete em média uma falha cada 2 m^2, e seu aprendiz duas falhas cada m^2. Uma parede de 3×1 m foi pintada 2/3 pelo pintor e 1/3 pelo aprendiz. Qual a probabilidade de aparecer uma única falha na parede inteira?

19 Uma fonte radioativa emite em média 0,5 partícula por segundo. Uma chapa fotográfica é sensibilizada se for atingida por três ou mais partículas. Se cinco chapas são colocadas, uma após a outra, durante $2s$ cada uma, em frente à fonte, qual a probabilidade de uma delas ser sensibilizada?

20 Certa peça de plástico de 10 cm^3 é considerada defeituosa se aparecerem dois ou mais defeitos. Os defeitos podem ser impurezas e bolhas. Em média aparecem 0,05 impurezas por cm^3 e 0,15 bolhas por cm^3. Qual a probabilidade de uma peça ser considerada defeituosa?

21 Em uma rodovia os veículos passam por um observador instalado no acostamento, segundo um processo de Poisson com média de um veículo por minuto.
   a) Qual a probabilidade de um só veículo passar pelo observador durante um minuto?
   b) Qual a probabilidade de um só veículo passar pelo observador durante um determinado minuto, sabendo-se que no minuto imediatamente anterior nenhum veículo passou pelo observador?
   c) Qual a probabilidade de pelo menos um veículo passar pelo observador durante um determinado minuto?
   d) Qual a expectância (média) de veículos que passam pelo observador por minuto considerando-se apenas os casos em que ocorre a passagem de pelo menos um veículo?

Capítulo 4 — PRINCIPAIS DISTRIBUIÇÕES DISCRETAS

22 Um certo artigo consome 750 m de fio. Em média o fio rompe duas vezes cada 1.000 m. O lucro e a qualidade dos artigos estão relacionados da seguinte maneira

Qualidade	N.° de emendas	Lucro/artigo
1.ª	nenhuma	R$ 50,00
2.ª	uma ou duas	R$ 20,00
3.ª	mais de duas	R$ 10,00

Se a produção da firma é de 10.000 artigos, qual o lucro esperado?

23 Uma firma que aluga automóveis por dia possui 3 carros. A procura é em média 2,5 carros por dia. Se de 3 em 3 dias um carro fica parado para manutenção, qual a porcentagem de dias em que a procura é maior que a oferta?

24 Uma loja vende em média um automóvel para cada 5 pessoas que a procuram. Por dia passam na loja 10 pessoas, e a loja dá aos 3 primeiros compradores (se houver) um brinde de R$ 100,00.

a) Qual a probabilidade de num dia vender mais de 2 carros?
b) Qual o gasto esperado em brindes em um dia?

25 Um automóvel viaja sempre equipado com dois pneus novos nas rodas dianteiras e dois pneus recauchutados nas rodas traseiras. Sabe-se que os pneus novos dessa marca costumam furar em média à razão de uma vez cada 5.000 km, ao passo que os pneus recauchutados furam, em média, uma vez cada 2.500 km. Admitindo que os pneus que furam são logo consertados e recolocados na mesma posição, quer se saber a probabilidade de que, em uma viagem de 2.000 km

a) o pneu dianteiro direito fure uma única vez;
b) haja pelo menos um pneu furado;
c) fure um pneu dianteiro e um pneu traseiro.

26 Os defeitos em certo tipo de chapas de vidro aparecem à razão média de 5 para cada 10 m^2 de chapa. Essas chapas serão usadas na construção de janelas para uma instalação industrial. Sabendo que essas janelas medem 150×80cm, calcular

a) a probabilidade de uma janela ter 2 ou mais defeitos;
b) em um grupo de 5 janelas, a probabilidade de que ao menos 4 delas não tenham nenhum defeito;
c) em um grupo de 10 janelas, a probabilidade de que o número total de defeitos seja inferior a 5.

4.4 — EXERCÍCIOS COMPLEMENTARES

27 Um dado é formado com chapas de plástico de 10×10cm. Em média aparecem 50 defeitos cada metro quadrado de plástico, segundo uma distribuição de Poisson.

a) Qual a probabilidade de uma determinada face apresentar exatamente 2 defeitos?

b) Qual a probabilidade de o dado apresentar no mínimo 2 defeitos?

c) Qual a probabilidade de pelo menos 5 faces serem perfeitas?

d) Lançado o dado, qual a probabilidade de que a soma do ponto com o número de defeitos da face obtida seja menor do que 3?

28 Uma companhia de aviação chegou à conclusão de que 5% das pessoas que fazem reserva num dado vôo não comparecem ao embarque. Conseqüentemente, adotou a política de vender 70 lugares para um avião com 68 assentos. Qual é a probabilidade de que todas as pessoas que comparecerem encontrarão lugar no avião?

29 O número de automóveis produzidos por dia por uma pequena fábrica é $10 - X$, sendo X uma variável aleatória de Poisson de média igual a 2,5. Em nenhuma hipótese, porém, deixam de ser produzidos ao menos 6 automóveis por dia. Procura-se levar a produção diária, durante a noite, para um centro comercial de distribuição, o que é feito mediante uma única viagem de uma carreta que transporta um máximo de 8 automóveis. Sabendo-se que, em dada noite, nenhum automóvel produzido necessitou pernoitar na fábrica, pergunta-se:

a) qual a probabilidade de que, na noite seguinte, a carreta viaje sem sua carga máxima?

b) qual o número esperado de automóveis que pernoitarão na fábrica na noite seguinte?

30 Demonstre que, em uma distribuição de Poisson, a moda é o maior inteiro contido na média sendo que, se a média for inteira, haverá duas modas: μ e $\mu - 1$.

Sugestão: estudar o quociente $P(x + 1)/P(x)$.

31 Turistas chegam a uma cidade segundo uma distribuição de Poisson. Se dois ou mais turistas aparecem, o guia organiza uma excursão e aluga um ônibus. Na 3.ª vez que alugar um ônibus, ganha uma comissão. Qual a probabilidade de demorar exatamente 6 dias para ganhar a comissão, se em média aparecem 14 clientes por semana?

Capítulo 4 — PRINCIPAIS DISTRIBUIÇÕES DISCRETAS

32 Em média, em cada grupo de 100 pessoas, duas contraem certa doença. Uma pessoa com essa doença tem probabilidade 1/3 de falecer. Calcular

a) a probabilidade de, em um grupo de 50 pessoas, duas ou mais contraírem essa doença.

b) a probabilidade de, em 4 doentes, dois falecerem.

c) a probabilidade de, em um grupo de 25 pessoas, duas contraírem a doença e falecerem.

33 Em uma indústria, ocorrem quedas de energia elétrica ao acaso e independentes entre si com intervalo médio entre as quedas de 8 horas. Calcular a probabilidade aproximada de que em 30 dias tenhamos 4 dias sem problemas de queda de energia.

34 Um arrombador de casas tem em seu poder um grande número de chaves falsas. A probabilidade de uma chave falsa abrir uma porta é 0,05. Para cada tentativa, leva exatamente 3 min para se certificar que a chave não serve. Uma ronda noturna passará 9 min após o ladrão começar sua primeira tentativa e o prenderá com certeza se estiver fora da casa e, com probabilidade 0,40, se estiver dentro da casa. Qual a probabilidade do ladrão ser preso?

35 O custo de lançamento de um foguete é de R$ 1.000,00. Se o lançamento falhar, ocorrerá um custo extra de R$ 500,00 em virtude de concertos na plataforma de lançamento. A probabilidade de um lançamento ser bem sucedido é 0,3. As tentativas são efetuadas até que haja um bem sucedida.

a) Qual a probabilidade de serem feitas mais de 3 tentativas?

b) Qual o custo esperado do projeto?

36 Seja um conjunto de N elementos dos quais r têm uma certa característica. Determine a distribuição de probabilidade do número de retiradas sem reposição até se obter.

a) o primeiro elemento com essa característica;

b) o $s.°$ elemento com essa característica.

37 Um caçador acerta o alvo 80% das vezes. Num determinado instante está com 10 balas, sendo que 4 delas são defeituosas. Nesse instante avista 2 animais, mas só tem tempo de carregar a arma 3 vezes antes dos animais fugirem. Qual é a probabilidade de conseguir abater os dois animais?

4.4 — EXERCÍCIOS COMPLEMENTARES

38 Uma firma comprou 20 peças, das quais 4 são defeituosas. As peças foram divididas em 4 lotes de 5 peças e cada lote foi entregue a uma filial.

a) Qual a probabilidade de uma determinada filial receber todas as peças defeituosas?

b) Qual a probabilidade de que duas filiais recebam 2 peças defeituosas cada uma?

39 Uma rodovia está dividida em 8 trechos de igual comprimento, cada qual sob jurisdição de uma guarnição de polícia rodoviária e todos igualmente perigosos. Sabendo-se que nessa rodovia há, em média, 6 desastres por dia, calcular a probabilidade de que, em determinado dia, haja quatro trechos sem nenhum desastre, 3 trechos com um desastre cada e um trecho com mais de um desastre.

40 Um jogo de xadrez tem, entre peças brancas e pretas, dois reis, duas damas, quatro torres, quatro bispos, quatro cavalos e dezesseis peões. Escolhidas seis peças ao acaso, qual é a probabilidade de que nelas haja:

a) uma figura de cada?

b) um rei, um bispo e três peões?

c) igual número de peças brancas e pretas?

41 Dois pianistas se exibem em um concerto. O pianista A tem 80% de probabilidade de não cometer nenhuma falha e o pianista B, 60%. Qual é a probabilidade de que:

a) Sejam cometidas exatamente duas falhas no concerto?

b) Sejam cometidas mais de duas falhas no concerto?

5 — PRINCIPAIS DISTRIBUIÇÕES CONTÍNUAS

5.1 RESUMO TEÓRICO

O escopo deste capítulo é idêntico ao do anterior, tratando agora das principais distribuições de probabilidade contínuas.

1. Distribuição uniforme

Seja uma variável aleatória contínua que pode assumir qualquer valor num intervalo $[a, b]$. Se a probabilidade de a variável cair num subintervalo for a mesma para qualquer outro subintervalo de mesmo comprimento, teremos uma distribuição uniforme. A função densidade de probabilidade será

$$f(x) = \frac{1}{b-a} \quad \text{para } a \leq x \leq b;$$
$$f(x) = 0 \quad \text{para qualquer outro valor.}$$
(5.1)

O gráfico dessa função é dado na Fig. 5.1.

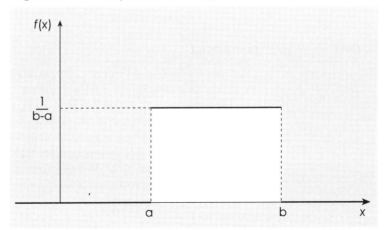

Figura 5.1
Distribuição uniforme

Pode-se demonstrar que

$$E(X) = \frac{a+b}{2} \quad \text{e} \quad \sigma^2(X) = \frac{(b-a)^2}{12}.^* \qquad (5.2)$$

Um caso particular de interesse é o da distribuição uniforme entre 0 e 1, cuja média é 0,5 e cuja variância é 1/12. Essa variável é bastante usada como fonte de aleatoriedade em processos de simulação estatística, havendo diversos programas computacionais que "geram" valores obedecendo praticamente a essa distribuição. Esses valores são transformados convenientemente, de modo a obter outras variáveis aleatórias com as distribuições desejadas no processo de simulação.

Uma maneira geral se tranformar variáveis uniformes R entre 0 e 1 é o método do inverso da função de repartição ilustrado na Fig. 5.2, ou seja, adotar

$$x = F^{-1}(r).$$

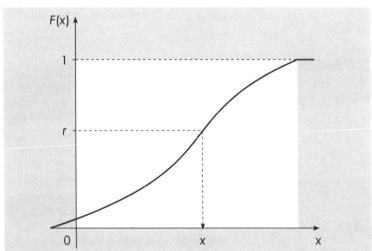

Figura 5.2
Método da função de repartição inversa

2. Distribuição exponencial

Em um fenômeno de Poisson de parâmetro λ (isto é, tal que o número de sucessos em um intervalo de observação t segue uma distribuição de Poisson de média $\mu = \lambda t$), seja T o intervalo decorrido entre dois sucessos consecutivos. A distribuição da variável aleatória T é conhecida como distribuição exponencial. Para que T seja maior que um t genérico, é preciso que o próximo sucesso demore para ocorrer mais do que t. Como, por hipótese, o número de sucessos obedece uma distribuição de Poisson, temos

---

*Veja o exercício proposto número 2.4.21

5.1 — RESUMO TEÓRICO

$$P(T > t) = P(0 \text{ sucessos em } t) = \frac{(\lambda t)^0 \cdot e^{-\lambda t}}{0!} = e^{-\lambda t}$$

A função de repartição no ponto t será

$$F(t) = P(T \leq t) = 1 - e^{-\lambda t} \tag{5.3}$$

Derivando-se a função de repartição em relação a t, temos a função densidade de probabilidade exponencial

$$f(t) = \frac{dF(t)}{dt} = \lambda e^{-\lambda t} \quad \text{para } t \geq 0;$$
$$f(t) = 0 \quad \text{para } t < 0. \tag{5.4}$$

Na Fig. 5.3 temos o gráfico de uma distribuição exponencial com parâmetro característico $\lambda = 1$. O cálculo da média e variância da distribuição exponencial pode ser feito por

$$E(T) = \int_{-\infty}^{+\infty} t \cdot f(t)\, dt = \int_0^{+\infty} t \cdot \lambda e^{-\lambda t} dt = \ldots = \frac{1}{\lambda}; \tag{5.5}$$

$$\sigma^2(T) = \int_0^{+\infty} t^2 \cdot \lambda e^{-\lambda t} dt - \left(\frac{1}{\lambda}\right)^2 = \ldots = \frac{1}{\lambda^2}. \tag{5.6}$$

A distribuição exponencial tem a mesma propriedade vista para a distribuição geométrica, isto é, não tem "memória", logo

$$P(X > s + t \mid X > s) = P(X > t).$$

Por essa razão, a distribuição exponencial é usada em modelos de duração de vida de componentes que não se desgastam com o tempo.

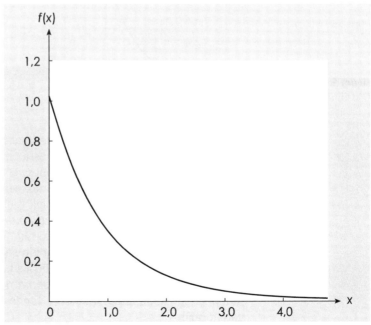

Figura 5.3
Distribuição exponencial com $\lambda = 1$.

3. Distribuição normal ou de Gauss

Essa distribuição, de grande importância na Estatística, é definida pela seguinte função densidade de probabilidade

$$f(x) = \frac{1}{\sigma\sqrt{2\pi}} e^{-\frac{1}{2}\left(\frac{x-\mu}{\sigma}\right)^2}, \quad -\infty < x < +\infty. \tag{5.7}$$

Observando-se a Expr. 5.7, vê-se imediatamente que ela depende de dois parâmetros μ e σ, os quais se pode mostrar serem sua média e desvio-padrão, conforme a própria notação sugere.

Analisando matematicamente a Expr. 5.7, podemos verificar que seu gráfico será simétrico em relação a μ, que também será a moda e mediana, decrescente assintoticamente a zero nos extremos e com pontos de inflexão em $\mu - \sigma$ e $\mu + \sigma$, conforme mostra a Fig. 5.4.

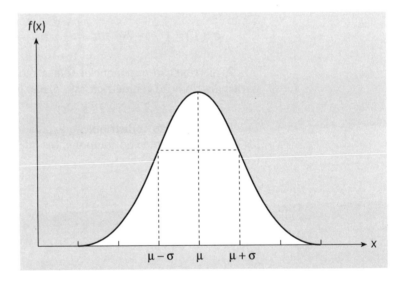

Figura 5.4
Distribuição normal

A importância da distribuição normal decorre de razões prática e teórica. A importância prática está em que diversas variáveis encontradas na realidade se distribuem aproximadamente segundo o modelo normal que pode, então, ser usado para descrever o seu comportamento. A importância teórica está ligada ao fato de ser a distribuição normal uma *distribuição limite*, fato esse resultante do chamado "Teorema do Limite Central". Esse importante teorema é em geral, apresentado sob diversas formas, mas afirma, em essência, que, sob condições bastante gerais, uma variável aleatória resultante de uma *soma* de n variáveis aleatórias independentes, no limite quando n tende a infinito tem distribuição normal.

Os próprios fenômenos naturais, de certa forma, oferecem situações semelhantes à mencionada no teorema, em que diversas causas independentes somam seus efeitos para produzir um certo resultado. Por outro lado, uma conseqüência do teorema é que poderemos aproximar pela normal várias distribuições importantes que se enquadram na situação mencionada como, por exemplo, as distribuições binominal e de Poisson

Os efeitos do Teorema do Limite Central são particularmente visíveis quando as variáveis independentes somadas são igualmente distribuídas, caso em que a convergência para a normal costuma ser bastante rápida. A Fig. 5.5 fornece uma ilustração desta afirmação, mostrando o comportamento da soma de duas e três variáveis uniformes independentes entre 0 e 1. Deve-se frizar que a distribuição de Y_2 não é ainda uma distribuição normal, mas sim formada por três arcos de parábola concordantes, mas para seis ou mais variáveis somadas, para todos os efeitos práticos, o resultado é uma distribuição normal.

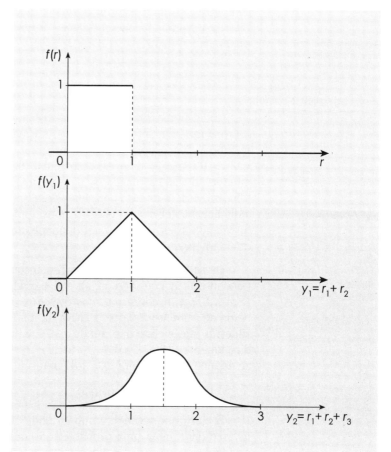

Figura 5.5
Ilustração do Teorema do Limite Central

É por essa razão que distribuições de probabilidade estudadas na Estatística como, por exemplo, a da média de uma amostra de valores, costumam ter distribuições admitidas como normais, pois a média de uma amostra definida como

$$\bar{x} = \frac{\sum x_i}{n} = \frac{x_i + x_2 + \dots + x_n}{n}$$

resulta em geral de uma soma de variáveis aleatórias independentes igualmente distribuídas.

Voltemos agora à questão de como se calculam as probabilidades em uma distribuição normal. A idéia de se integrar $f(x)$ ao longo do intervalo de interesse fracassa diante do fato de que essa função não tem integral. Entretanto, existem tabelas sob várias formas que facilitam esse cálculo. Neste trabalho, adotaremos a Tab. 3 do Apêndice III. Outros tipos equivalentes de tabelas são também comumente encontrados.

Essa tabela utiliza valores padronizados que denotaremos pela letra Z, a fim de tornar a tabela independente de μ e σ. Os valores da variável Z são obtidos em função de X pela transformação linear

$$z = \frac{x - \mu}{\sigma}. \tag{5.8}$$

Como conseqüência do teorema que será apresentado em 5.1.4, Z também será uma variável normalmente distribuída, resultando, das propriedades da média e do desvio-padrão, que $\mu(Z) = 0$ e $\sigma(Z) = 1$. A essa particular distribuição normal denomina-se "normal reduzida ou padronizada". Tal denominação justifica-se perfeitamente, pois vemos em 5.8 que Z nada mais é que a distância algébrica do ponto x considerado à média, medida em desvios-padrões, de cujo valor depende unicamente a probabilidade no intervalo desejado.

Dessa forma, entrando-se na Tab. 3 com um valor de z_0 correspondente ao x_0 considerado, obtém-se diretamente $P(0 \le Z \le z_0) = P(\mu \le X \le x_0)$, conforme mostra a Fig. 5.6. Evidentemente, tabelou-se somente a parte positiva da distribuição de Z, dada sua simetria. Mas é claro que, sendo $z_0 < 0$, a tabela também fornecerá diretamente $P(z_0 \le Z \le 0) = P(x_0 \le X \le \mu)$. Por exemplo, entrando-se na tabela com o valor $z_0 = 1,31$ obteremos

$$P(0 \le Z \le 1,31) = 0,4049.$$

É claro que a tabela também pode ser utilizada em sentido inverso para, dada uma probabilidade, determina-se o z_0 correspondente.

É fácil verificar, usando a Tab. 3 do Apêndice III, que a probabilidade compreendida em um intervalo de 3σ de cada lado da média é 0,9974, ou seja, quase 1. (Para $\mu \pm \sigma$ essa probabilidade seria 0,6826.) Por esta razão, é costume dizer que, em termos práticos, a distribuição normal se estende em uma faixa de $\pm 3\sigma$ ao redor da média. Não devemos esquecer, no entanto, que, a rigor, teoricamente a distribuição normal é ilimitada, ou seja, seu campo de definição vai de $-\infty$ a $+\infty$.

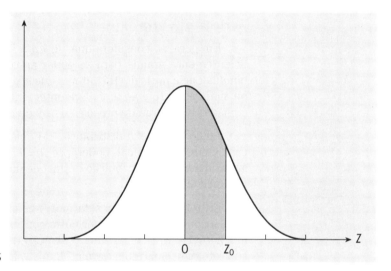

Figura 5.6

4. Combinações lineares de variáveis normais independentes

Outro importante teorema, o Teorema das Combinações Lineares, afirma que uma variável aleatória obtida por *combinação linear* de variáveis aleatórias *normais independentes* será também uma variável aleatória normalmente distribuída.

Para o cálculo dos parâmetros da distribuição normal resultante, basta aplicar as propriedades da média e da variância. Assim por exemplo, se $W = aX - bY + c$, onde X e Y são variáveis normais independentes e a, b e c são constantes, a variável W, sendo uma combinação linear de X e Y, terá distribuição também normal com

$$\mu_W = a\mu_X - b\mu_Y + c$$
$$\sigma_W^2 = a^2\sigma_X^2 + b^2\sigma_Y^2.$$

5. Aproximações pela normal

Como conseqüência do Teorema do Limite Central, distribuições resultantes da soma de variáveis aleatórias independentes poderão ser aproximadas pela normal desde que o número de parcelas dessa soma seja suficientemente grande.

A distribuição binomial pode ser considerada como uma soma de n variáveis independentes do tipo Bernoulli, como já foi mencionado em 4.1.3. Portanto, quando o número de provas n cresce, a distribuição binomial tende a uma normal de média $\mu = np$ e variância $\sigma^2 = npq$.

Em geral se considera que, se $np \geq 5$ e $nq \geq 5$, n já será suficientemente grande para se poder aproximar uma distribuição binomial pela normal. (Há autores que sugerem $np \geq 10$ e $nq \geq 10$, ou ainda $np \geq 15$ e $nq \geq 15$. Evidentemente, a exigência está relacionada com o grau de precisão desejado nos cálculos).

Analogamente, a distribuição de Poisson, que resulta de um caso limite da binomial, poderá, se $\mu = \lambda t \geq 5$ (ou 10, ou 15), ser aproximada pela distribuição normal de mesma média λt e mesma variância λt.

Entretanto, devido a estarmos, nos casos acima, aproximando distribuições discretas por outra contínua, recomenda-se, para maior precisão, realizar uma "correção de continuidade", a qual consiste em somar ou subtrair 1/2 aos valores de referência, conforme o caso. Assim, se desejarmos $P(X = k)$ na distribuição discreta em questão, calcularemos $P(k - 1/2 \leq X \leq k + 1/2)$ na distribuição normal. Em decorrência, se desejarmos $P(k_1 < X \leq k_2)$, k_1 e k_2 inteiros, na distribuição discreta, calcularemos $P(k_1 + 1/2 \leq X \leq k_2 + 1/2)$ na distribuição normal, etc. Aplicações da correção de continuidade podem ser vistas nos exemplos resolvidos 5.2.5 e 5.2.6.

Evidentemente, outras distribuições além das acima citadas poderão ser também aproximadas pela normal desde que resultem da soma de variáveis aleatórias independentes, como as distribuições de Pascal, gama, etc.

6. Outras distribuições de variáveis aleatórias contínuas

Existe uma série de outras distribuições de variáveis aleatórias contínuas, cada uma com seu uso específico. Entre as mais importantes, podemos citar

a) **Distribuição gama**

A função densidade de probabilidade da distribuição gama é dada por

$$f(x) = \frac{\eta}{\Gamma(\eta)} \cdot x^{\eta-1} \cdot e^{-\lambda x} \quad \text{para } x \geq 0;$$
$$f(x) = 0 \quad \text{para } x < 0,$$
(5.9)

onde $\Gamma(\eta)$ é a função gama, definida por

$$\Gamma(\eta) = \int_0^{+\infty} x^{\eta-1} \cdot e^{-x} dx \qquad (5.10)$$

e pode ser considerada como uma extensão do conceito do fatorial, pois, se η é inteiro,

$$\Gamma(\eta) = (\eta - 1)!$$

A média e a variância da distribuição gama são expressas em função dos parâmetros η e λ por

$$E(X) = \frac{\eta}{\lambda} \quad \text{e} \quad \sigma^2(X) = \frac{\eta}{\lambda^2}. \qquad (5.11)$$

A distribuição gama é usada para representar fenômenos limitados de um lado ($0 \leq x < +\infty$), tais como a distribuição dos intervalos de tempos entre recalibrações de instrumentos, intervalos de tempos entre compras de um item estocado, etc.

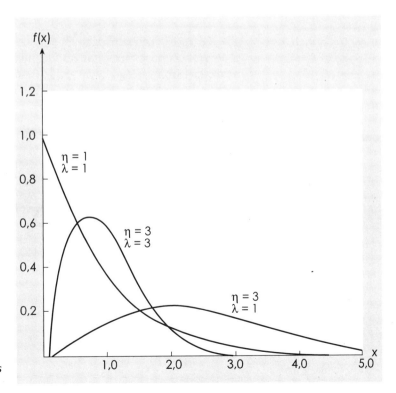

Figura 5.7
Algumas distribuições gama

Note-se, que se $\eta = 1$ a função densidade toma a forma

$$f(x) = \frac{\lambda^1}{\Gamma(1)} \cdot x^0 e^{-\lambda x} = \lambda e^{-\lambda x}, \quad x \geq 0; \qquad (5.12)$$

que é a função densidade de probabilidade da distribuição exponencial. Aliás, a distribuição gama com η inteiro, caso em que é conhecida também como distribuição de Erlang, pode ser considerada como uma generalização da distribuição exponencial, representando a distribuição do intervalo decorrido entre $\eta + 1$ sucessos consecutivos em um fenômeno de Poisson.

Neste caso, o cálculo das probabilidades nas distribuições de Erlang pode ser feito usando a fórmula de Poisson. De fato, sendo η inteiro, dado um valor de referência x_0 qualquer

$$F_\Gamma(x_0) = P_\Gamma\left(X \leq x_0\right) = P_P\left(Y \geq \eta \text{ em } 0 - x_0\right) =$$
$$= 1 - P_P\left(Y < \eta \text{ em } 0 - x_0\right) =$$
$$= 1 - \sum_{y=0}^{\eta-1} \frac{\left(\lambda x_0\right)^y \cdot e^{-\lambda x_0}}{y!}$$

onde Y é a variável de Poisson associada e os índices apostos a F e P indicam a distribuição a que se referem.

Na relação acima está embutido o seguinte raciocínio:

> $P_\Gamma(X \leq x_0)$ é a probabilidade de que o espaço decorrido até a ocorrência do η° sucesso (no fenômeno de Poisson) não seja superior a x_0, logo no intervalo $0 - x_0$ deverão ter ocorrido pelo menos η sucessos, daí se calcular a $P_P(Y \geq \eta)$.

Por exemplo, calculemos $P(X < 3)$ em uma distribuição gama com parâmetros $\lambda = \frac{1}{2}$ e $\eta = 2$.

$$\lambda x_0 = \frac{1}{2} \cdot 3 = 1,5$$

$$\therefore P_\Gamma(X < 3) = P_\Gamma(X \leq 2) = F_\Gamma(2) = 1 - \sum_{y=0}^{1} \frac{(1.5)^y \cdot e^{-1,5}}{y!} =$$

$$= 1 - (0,2231 + 0,3347) = 0,4422.$$

b) **Distribuição beta**

A função densidade de probabilidade de uma distribuição beta é dada por

$$f(x) = \frac{\Gamma(\gamma + \eta)}{\Gamma(\gamma) + \Gamma(\eta)} \cdot x^{\gamma-1}(1-x)^{\eta-1} \text{ para } 0 \leq x \leq 1;$$
$$f(x) = 0 \qquad\qquad\qquad\qquad \text{para } x < 0 \text{ e } x > 1 \qquad (5.13)$$

A média e a variância dessa distribuição são

$$E(X) = \frac{\gamma}{\gamma+\eta} \quad \text{e} \quad \sigma^2(X) = \frac{\gamma\,\eta}{(\gamma+\eta)^2(\gamma+\eta+1)} \qquad (5.14)$$

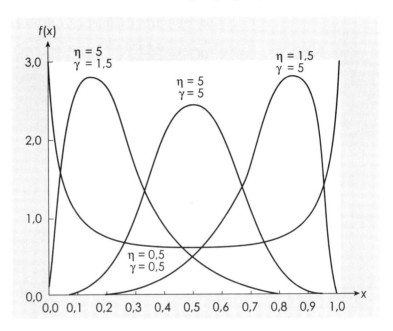

Figura 5.8
Algumas distribuições beta

Usando uma transformação conveniente, podemos mudar os limites do campo de definição da variável X para dois valores quaisquer a e b.

Essa transformação seria da forma

$y = a + (b-a)\,x$

resultado

$\mu_Y = a + (b-a)\mu_X$
$\sigma_Y^2 = (b-a)^2 \cdot \sigma_X^2.$

Essa família de distribuições tem a vantagem de fornecer uma grande variedade de formatos em função dos valores de seus parâmetros característicos, podendo ser usada para representar variados fenômenos da realidade quando os valores da variável são limitados de ambos os lados.

Uma de suas conhecidas aplicações práticas está na caracterização da duração de tarefas em redes PERT / CPM, quando um modelo simplificado das distribuições beta é utilizado.

De fato, em atividades de projeto, costuma-se utilizar uma forma simplificada da distribuição beta, caracterizada por seu extremo inferior a (representando a duração mais otimista da atividade), o seu extremo inferior superior b (representando a duração mais pesimista da atividade), e a moda m (representando a duração mais provável da atividade).

Com esses três parâmetros, calcule-se, por aproximação:

$$\mu(X) = \frac{a + 4m + b}{6}$$

$$\sigma(X) = \frac{b - a}{6}$$

Quando $\eta = 1$ e $\gamma = 1$, a distribuição beta toma a forma de uma distribuição uniforme.

c) **Distribuição log-normal**

A função densidade de probabilidade da distribuição log-normal é dada por

$$f(x) = \frac{1}{vx\sqrt{2\pi}} \cdot e^{-(1/2v^2)(\log x - \mu)^2} \quad \text{para } x \geq 0;$$
$$f(x) = 0 \quad \text{para } x < 0. \quad (5.15)$$

A média e a variância da distribuição log-normal são

$$E(X) = e^{\mu + v^2/2};$$
$$\sigma^2(X) = e^{2\mu + v^2}(e^{v^2} - 1). \quad (5.16)$$

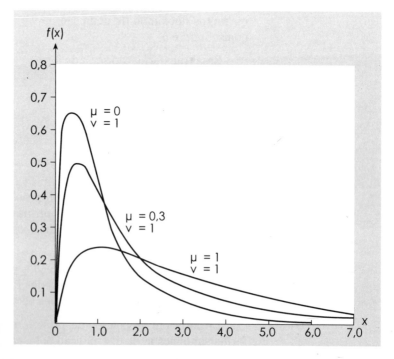

Figura 5.9
Algumas distribuições log-normal

A distribuição de uma variável X segue uma distribuição log-normal quando seu logaritmo segue uma distribuição normal.

A distribuição do produto de várias variáveis aleatórias independentes e positivas, sob certas condições gerais, segue uma distribuição log-normal, como decorrência do Teorema do Limite Central.

d) **Distribuição de Weibull**

A função densidade de probabilidade da distribuição de Weibull é

$$f(t) = \frac{\beta}{\eta}\left(\frac{t}{\eta}\right)^{\beta-1} e^{-\left(\frac{t}{\eta}\right)^{\beta}} \quad \text{para } t \geq 0$$

$$f(t) = 0 \quad \text{para } t < 0$$

(5.17)

onde β é um parâmetro de forma e η é um parâmetro de escala.

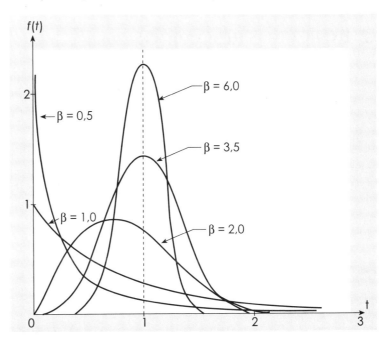

Figura 5.10
Distribuições Weibull com $\eta = 1$

Na Teoria da Confiabilidade, a distribuição de Weibull é muito usada, primeiro por ser muito versátil e segundo pela facilidade de cálculo das probabilidades, pois demonstra-se que sua função de repartição é:

$$F(t_0) = P(T \leq t_0) = \int_0^{t_0} f(t)dt = 1 - e^{-\left(\frac{t}{\eta}\right)^{\beta}}$$

donde $P(T > t_0) = e^{-\left(\frac{t}{\eta}\right)^{\beta}}$

Pode-se demonstrar que a média e a variância da distribuição de Weibull são

$$\mu(T) = \eta \cdot \Gamma\left(1 + \frac{1}{\beta}\right)$$

$$\sigma^2(T) = \eta \cdot \Gamma\left(\frac{2}{\beta} + 1\right) - \Gamma\left(\frac{1}{\beta} + 1\right)^2 \qquad (5.18)$$

Quando $\beta = 1$ e fazendo-se $\lambda = 1/\eta$, $P(T < t_0) = 1 - e^{-\lambda t}$. De fato, quando $\beta = 1$, a distribuição de Weibull transforma-se na distribuição exponencial.

Observação: Algumas vezes utiliza-se a distribuição de Weibull com três parâmetros, quando a variável T for sempre maior que um certo valor mínimo $\gamma > 0$.

5.2 EXERCÍCIOS RESOLVIDOS

1 Certo tipo de fusível tem duração de vida que segue uma distribuição exponencial com vida média de 100 horas. Cada fusível tem um custo de R\$ 10,00 e, se durar menos de 200 horas, existe um custo adicional de R\$ 8,00.

a) Qual a probabilidade de um fusível durar mais de 150 horas?

b) Foi proposta a compra de uma outra marca que tem uma vida média de 200 horas e um custo de R\$ 15,00. Considerando também a incidência do custo adicional, deve ser feita a troca de marcas?

Solução Como a vida média é de 100 horas

$$E(T) = \frac{1}{\lambda} = 100 \quad \therefore \quad \lambda = \frac{1}{100}.$$

A probabilidade do fusível durar mais de 150 horas será

$$P(X > 150) = \int_{150}^{+\infty} \lambda e^{-\lambda t} dt = \left[1 - e^{-\lambda t}\right]_{150}^{+\infty} =$$

$$= 1 - e^{-\infty} - \left(1 - e^{-1,5}\right) = e^{-1,5} \cong 0,223.$$

b) O custo total de cada fusível será

$$C_T = \begin{cases} C & \text{se } t \geq 200; \\ C + \Delta C & \text{se } t < 200. \end{cases}$$

Para a primeira marca, o custo esperado será

$$E(C_T) = C_1 \cdot P(X \geq 200) + (C_1 + \Delta C) \cdot P(X < 200) =$$
$$= 10 \cdot e^{-(1/100) \cdot 200} + (10+8) \cdot (1 - e^{-(1/100) \cdot 200}) =$$
$$= 10 \cdot e^{-2} + 18\left(1 - e^{-2}\right) = 1,353 + 15,564 = 16,917.$$

Para a segunda marca o custo esperado será

$$E(C_T) = C_2 \cdot P(X \geq 200) + (C_2 + \Delta C) \cdot P(X < 200) =$$
$$= 15 \cdot e^{-(1/200) \cdot 200} + 23 \cdot (1 - e^{-(1/200) \cdot 200}) =$$
$$= 15 \cdot e^{-1} + 23 \cdot \left(1 - e^{-1}\right) = 5,518 + 14,539 = 20,057.$$

Portanto, a primeira marca é mais econômica, logo não deve ser feita a troca.

2 A duração de um certo tipo de pneu, em quilômetros rodados, é uma variável normal com duração média 60.000 km e desvio-padrão de 10.000 km.

a) Qual a probabilidade de um pneu escolhido ao acaso durar mais de 75.000 km?

b) Qual a probabilidade de um pneu durar entre 63.500 e 70.000 km?

c) Qual a probabilidade de um pneu durar entre 50.000 e 70.000 km?

d) Qual a probabilidade de um pneu durar exatamente 65.555, 3 km?

e) O fabricante deseja fixar uma garantia de quilometragem, de tal forma que, se a duração do pneu for inferior à garantia, o pneu será trocado. De quanto deve ser essa garantia para que somente 1% dos pneus sejam trocados?

Solução a) A probabilidade procurada $P(X > 75.000)$ é igual à área hachurada na Fig. 5.11. Utilizando a transformação Z, recaímos na "curva normal" padronizada

$$z(75.000) = \frac{x - \mu}{\sigma} = \frac{75.000 - 60.000}{10.000} = 1,5.$$

Entrando com o valor $Z = 1,5$ na Tab. 3 do Apêndice III, encontramos o valor $0,4332$, que é a probabilidade $P(0 \leq Z \leq 1,5)$.

Portanto

$$P(X > 75.000) = P(Z > 1,5) = 0,5 - P(0 \leq Z \leq 1,5) =$$
$$= 0,5 - 0,4332 = 0,0668.$$

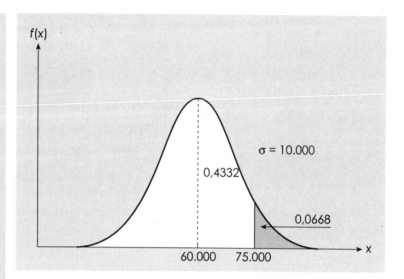

Figura 5.11

b) Para a probabilidade de um pneu durar entre 63.500 km e 70.000 km, usando a transformação Z, temos

$$z(63.500) = \frac{63.500 - 60.000}{10.000} = 0,35;$$

$$z(70.000) = \frac{70.000 - 60.000}{10.000} = 1,00.$$

Devemos achar a área hachurada na Fig. 5.12.

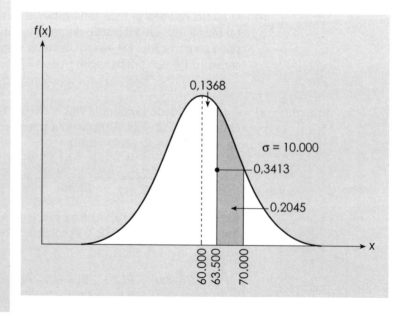

Figura 5.12

Na Tab. 3 do apêndice III, vemos que

$$z(63.500) = 0,35 \xrightarrow{\text{tab.}} P(0 \le Z \le 0,35) = 0,1368;$$
$$z(70.000) = 1,00 \xrightarrow{\text{tab.}} P(0 \le Z \le 1,00) = 0,3413.$$

Portanto

$$\begin{aligned}P(63.500 < X < 70.000) &= P(0,35 < Z < 1,00) \\ &= P(0 \le Z \le 1,00) - P(0 \le Z \le 0,35) = \\ &= 0,3413 - 0,1368 = 0,2045.\end{aligned}$$

c) Para a probabilidade de um pneu durar entre 50.000 e 70.000 km, temos

$$z(50.000) = \frac{50.000 - 60.000}{10.000} = -1,00;$$
$$z(70.000) = \frac{70.000 - 60.000}{10.000} = 1,00.$$

Entrando na Tab. 3 do Apêndice III com $z = 1,00$, temos $0,3413$. Essa é a área para $0 \le Z \le 1$. Por simetria, será idêntica a área para $-1 \le Z \le 0$, e portanto igual à $P(50.000 \ge 60.000)$, como também à $P(60.000 \le X \le 70.000)$, conforme ilustra a Fig. 5.13.

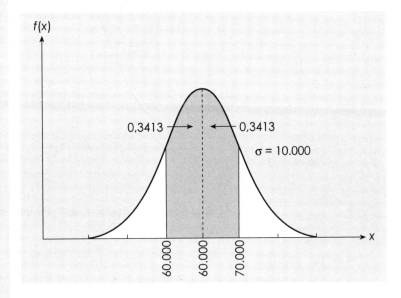

Figura 5.13

Portanto,

$$P(50.000 \le X \le 70.000) = 0,3413 + 0,3413 = 0,6826$$

d) Como, em qualquer tipo de variável aleatória contínua, a probabilidade da variável tomar exatamente um determinado valor é zero,

$P(X = 65.555,3) = 0$.

e) A garantia procurada será o valor x_0, tal que $P(X < x_0) = 0,01$, conforme indica a Fig. 5.14.

Procurando na Tab. 3 do Apêndice III qual o valor de z que determina uma área de $0,5 - 0,01 = 0,49$, verificamos que o valor mais próximo é $z_0 = 2,33$, que indica uma área de 0,4901. Logo

$$-2,33 = \frac{x_0 - \mu}{\sigma}.$$

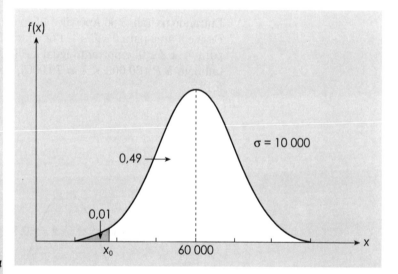

Figura. 5.14

O sinal negativo é determinado pelo fato de $x_0 < \mu$, logo $z_0 < 0$. Segue-se que

$x_0 = -2,33\sigma + \mu = -2,33 \cdot 10.000 + 60.000 = 36.700$.

3 Uma variável com distribuição normal é tal que 90% dos valores estão simetricamente distribuídos entre 40 e 70. Qual a proporção de valores abaixo de 35?

Solução Temos a situação da Fig. 5.15.

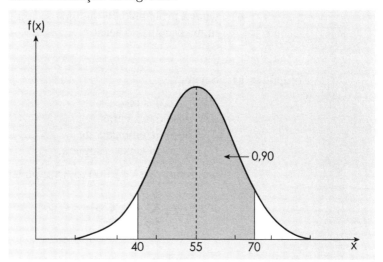

Figura 5.15

Da simetria da distribuição normal temos diretamente que $\mu = 55$. O desvio-padrão pode ser determinado com base nos pontos 40 ou 70. Por exemplo, como $P(X > 70) = 0,05$, resulta que $P(55 < X < 70) = 0,45$. Entrando na Tab. 3 do Apêndice III com essa probabilidade e fazendo uma imediata interpolação linear, vemos que o valor z correspondente é 1,645. Logo

$$z = 1,645 = \frac{70-55}{\sigma};$$

$$\therefore \sigma = \frac{15}{1,645} = 9,1285.$$

Tomando agora o ponto $X = 35$, temos

$$z(35) = \frac{35-55}{9,1285} \cong -2,19.$$

Da tabela tiramos que

$$P(-2,19 \leq Z \leq 0) = P(35 \leq X \leq 55) = 0,4857;$$

$$\therefore P(X < 35) = 0,5 - 0,4857 = 0,0143.$$

Portanto, 1,43% dos valores estão abaixo de 35.

4 Uma companhia embala em cada caixa 5 pires e 5 xícaras. Os pesos dos pires distribuem-se normalmente com média de 190 g e variância 100 g^2. Os pesos das xícaras também são normais com média 170g e variância 150 g^2. O peso da embalagem é praticamente constante e igual a 100 g.

Capítulo 5 — PRINCIPAIS DISTRIBUIÇÕES CONTÍNUAS

a) Qual a probabilidade da caixa pesar menos de 2.000 g?

b) Qual a probabilidade de uma xícara pesar mais que um pires numa escolha ao acaso?

Solução

a) Sejam

P = peso dos pires;
X = peso das xícaras;
E = peso da embalagem;
C = peso da caixa completa.

Queremos $P(C < 2.000$ g). Ora, podemos escrever que

$$C = E + \sum_{i=1}^{5} P_i + \sum_{i=1}^{5} X_i^* \cdot$$

Aplicando as propriedades da média, temos

$$\mu(C) = \mu(E) + \sum_{i=1}^{5} \mu(P_i) + \sum_{i=1}^{5} \mu(X_i).$$

Os P_i são identicamente distribuídos com média $\mu(P)$; analogamente, os X_i, com média $\mu(X)$. Logo

$$\mu(C) = \mu(E) + 5 \cdot \mu(P) + 5 \cdot \mu(X) =$$
$$= 100 + 5 \cdot 190 + 5 \cdot 170 = 1.900 \text{g}.$$

De forma semelhante, aplicando as propriedades da variância, temos

$$\sigma^2(C) = \sigma^2(E) + \sum_{i=1}^{5} \sigma^2(P_i) + \sum_{i=1}^{5} \sigma^2(X_i) =$$
$$= \sigma^2(E) + 5 \cdot \sigma^2(P) + 5 \cdot \sigma^2(X) =$$
$$= 0 + 5 \cdot 100 + 5 \cdot 150 = 1.250 \text{ g}^2.$$

Como o peso da caixa completa é uma combinação linear de variáveis independentes, resulta, conforme visto em 5.1.4, que será também uma variável normalmente distribuída, com média 1.900 g e variância 1.250 g^2. Logo, podemos obter $P(C < 2.000$ g) calculando a área hachurada na Fig. 5.16.

---

*Seria incorreto escrever $C = E + 5P_i + 5X_i$, o que não corresponderia à realidade e levaria ao errado resultado $\sigma^2(C) = \sigma^2(E) + 25 \sigma^2(P) + 25 \sigma^2(X)$.

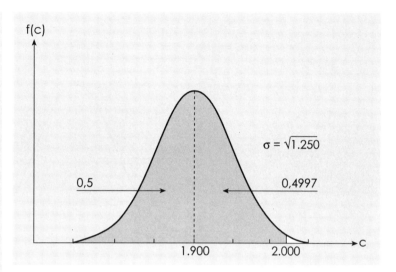

Figura 5.16

Temos

$$z(2.000) = \frac{2.000 - 1.900}{\sqrt{1.250}} \cong 2,83.$$

A Tab. 3 do Apêndice III fornece

$P(0 \leq Z \leq 2,83) = P(1.900 \leq C \leq 2.000) = 0,4977;$

$\therefore P(C < 2.000 \text{ g}) = 0,5 + 0,4977 = 0,9977.$

b) Para calcular a probabilidade de uma xícara pesar mais que um pires, vemos definir a variável W, diferença entre o peso do pires e o da xícara, ou seja

$W = P - X.$

Conforme 5.1.4, W terá distribuição normal, e

$E(W) = E(P) - E(X) = 190 - 170 = 20$ g;

$\sigma^2(W) = \sigma^2(P) + \sigma^2(X) = 100 + 150 = 250$ g^2.

A xícara pesará mais que o pires quando $W < 0$. Devemos então calcular a área hachurada na Fig. 5.17.

Temos

$$z(0) = \frac{0 - 20}{\sqrt{250}} = -1,265;$$

$\therefore P(-1,265 \leq Z \leq 0) = P(0 \leq W \leq 20) = 0,3971.$

$\therefore \qquad P(W < 0) = 0,5 - 0,3971 = 0,1029.$

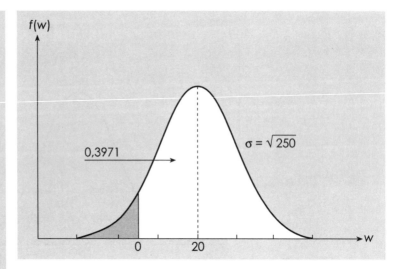

Figura 5.17

5 No lançamento de 30 moedas honestas, qual a probabilidade de saírem

a) exatamente 12 caras?
b) mais de 20 caras?

Solução a) A probabilidade de saírem exatamente 12 caras é dada pela distribuição binomial por

$$P(X=12) = \binom{30}{12} \cdot \left(\frac{1}{2}\right)^{12} \cdot \left(\frac{1}{2}\right)^{18},$$

cujo cálculo é trabalhoso, mas podemos aproximar pela normal. A média e a variância dessa distribuição binomial são

$$\mu = np = 30 \cdot \frac{1}{2} = 15.$$

$$\sigma^2 = npq = 30 \cdot \frac{1}{2} \cdot \frac{1}{2} = 7,5 \quad \therefore \quad \sigma = \sqrt{7,5} \cong 2,7386.$$

Fazendo a aproximação pela normal e usando a correção de continuidade, temos

$$z(11,5) = \frac{11,5-15,0}{2,7386} \cong -1,28;$$

$$z(12,5) = \frac{12,5-15,0}{2,7386} \cong -0,91.$$

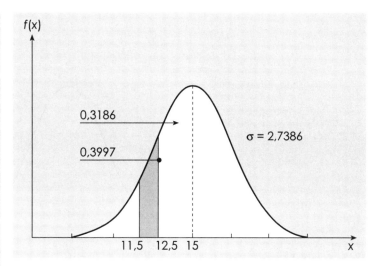

Figura 5.18

Entrando com esses valores na tabela da distribuição normal

$z = -1{,}28 \to 0{,}3997$;

$z = -0{,}91 \to 0{,}3186$;

$\therefore\ P(11{,}5 < X < 12{,}5) = 0{,}3997 - 0{,}3186 = 0{,}0811$.

Essa é aproximadamente a probabilidade de $X = 12$ na distribuição binomial considerada (o valor exato com 4 decimais é 0,0806).

b) A probabilidade de saírem mais de 20 caras será, pela binomial:

$$P(X > 20) = \sum_{i=21}^{30} \binom{30}{i} \cdot \left(\frac{1}{2}\right)^i \cdot \left(\frac{1}{2}\right)^{30-i} = \frac{\sum_{i=21}^{30} \binom{30}{i}}{2^{30}}.$$

Novamente fazendo a aproximação pela normal, resulta

$$z(20{,}5) = \frac{20{,}5 - 15{,}0}{2{,}7386} \cong 2{,}01 \to 0{,}4778;$$

$\therefore P(X) > 20{,}5 = 0{,}5 - 0{,}4778 = 0{,}0222$.

Esse é o valor calculado pela aproximação normal. O valor exato com 4 decimais é 0,0214.

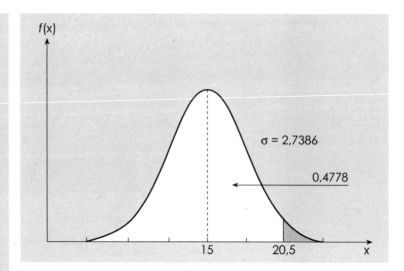

Figura 5.19

6 Em uma indústria acontecem em média 0,6 acidentes do trabalho por dia e o número de acidentes segue bem aproximadamente uma distribuição de Poisson. Calcular a probabilidade de que, em 30 dias trabalhados, ocorram

a) exatamente 18 acidentes;
b) mais que 10 e não mais que 20 acidentes.

Solução a) Temos $\lambda = 0,6$ acidentes/dia e $t = 30$ dias. Logo, para esse período, a média será

$$\mu = \lambda t = 0,6 \cdot 30 = 18 \text{ acidentes.}$$

Pela fórmula de Poisson, teríamos

$$P(X=18) = \frac{18^{18} \cdot e^{-18}}{18!}.$$

Vamos usar a aproximação pela normal, lembrando que em uma distribuição de Poisson a variância é igual a média. Logo

$$\sigma = \sqrt{18} \cong 4,243.$$

Devido à correção de continuidade, deveremos achar a área entre 17,5 e 18,5 na curva normal com média 18 e desvio-padrão 4,243 (veja Fig. 5.20). Essa área é o dobro da área entre 18 e 18,5.

$$z(18,5) \cong \frac{18,5-18}{4,243} \cong 0,12;$$

∴ $P(0 \leq Z \leq 0,12) = P(18 < X < 18,5) = 0,0478;$

∴ $P(17,5 < X < 18,5) \cong 2 \cdot 0,0478 = 0,0956$

Logo, a probabilidade de $X = 18$ na distribuição de Poisson é aproximadamente 0,0956. O valor exato calculado pela fórmula de Poisson é 0,0936.

b) Deveríamos agora calcular

$$P(10 < x \leq 20) = \sum_{x=11}^{20} \frac{18^x \cdot e^{-18}}{x!}$$

Usando a aproximação pela normal, devemos achar a área entre 10,5 e 20,5 na curva normal, (veja Fig. 5. 21).

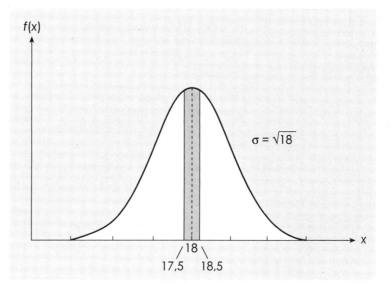

Figura 5.20

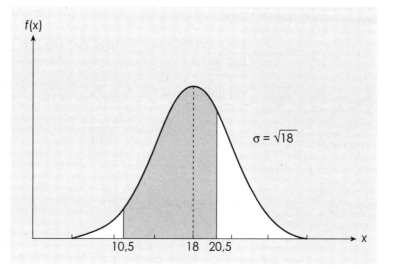

Figura 5.21

Temos

$$z(10,5) \cong \frac{10,5-18}{4,243} \cong -1,77;$$

$$\therefore \quad P(10,5 < X < 18) \cong 0,4616;$$

$$z(20,5) \cong \frac{20,5-18}{4,243} \cong 0,59;$$

$$\therefore \quad P(18 < X < 20,5) \cong 0,2224;$$

$$\therefore \quad P(10,5 < X < 20,5) \cong 0,4616 + 0,2224 = 0,6840.$$

É esse o valor aproximado desejado.

7 Por uma ponte estão passando veículos com uma regularidade estatística que obedece às hipóteses do modelo de Poisson, sendo que a freqüência média de passagem é de um veículo a cada 2,5 minutos.

Deseja-se saber qual é a probabilidade de que o tempo decorrido, a partir de certo instante, até a passagem do décimo veículo seja superior a 15 e inferior a 30 minutos.

Solução O tempo decorrido até a passagem do décimo veículo terá distribuição de Erlang com parâmetros $\lambda = 1/2,5 = 0,4 \text{ min}^{-1}$ e $\eta = 10$. Queremos calcular:

$$P_\Gamma(15 < X < 30) = F_\Gamma(30) - F_\Gamma(15).$$

$$F_\Gamma(30) = P_\Gamma(X \le 30) = P_P(Y \ge 10 \text{ em } 0-30) =$$

$$= \sum_{y=10}^{\infty} \frac{(0,4.30)^y \cdot e^{-0,4 \cdot 30}}{y!} = \sum_{y=10}^{\infty} \frac{12^y \cdot e^{-12}}{y!}$$

onde Y é a variável de Poisson associada a este caso.

Esta probabilidade poderia ser calculada pelo evento complementar, aplicando diversas vezes a fórmula de Poisson. Entretanto, como $\mu(Y) = 12 > 5$, usaremos a aproximação pela normal, conforme indicado na Fig. 5.22

$$Z(9,5) = \frac{9,5-12}{\sqrt{12}} \cong -0,72 \xrightarrow{\text{tab.}} 0,2642$$

$$\therefore P(Y > 9,5) = F_\Gamma(30) \cong 0,5 + 0,2642 = 0,7642$$

Por outro lado

$$F_\Gamma(15) = P_\Gamma(X \le 15) = P_P(Y \ge 10 \text{ em } 0-15) =$$

$$= \sum_{y=10}^{\infty} \frac{(0,4 \cdot 15)^y \cdot e^{-0,4 \cdot 15}}{y!} = \sum_{y=10}^{\infty} \frac{6^y \cdot e^{-6}}{y!} = 0,0838$$

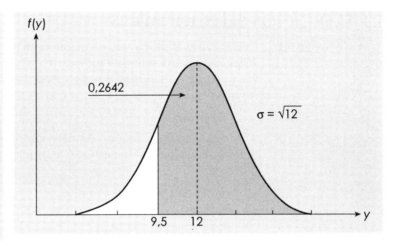

Figura 5.22

Este valor foi obtido diretamente na Tab. 2 do Apêndice III. Logo

$P_\Gamma(15 < X < 30) \cong 0{,}7642 - 0{,}0838 = 0{,}6804.$

8 Um lote de peças foi fabricado sob condições adversas. Durante sua utilização, as peças com defeito de fabricação irão falhar progressivamente. Foi verificado que o modelo Weibull pode ser utilizado para representar a curva de vida destas peças, com parâmetros $\beta = 0{,}8$ e $\eta = 200$ horas.

a) Qual a porcentagem de peças que sobrevivem a 300 horas de funcionamento?
b) Qual a probabilidade de uma peça falhar entre 100 e 400 horas?

Solução a) Sabemos que a função de repartição da distribuição de Weibull é dada por

$$F(t_0) = P(T < t_0) = 1 - e^{-\left(\frac{t_0}{\eta}\right)^\beta}$$

Portanto:

$$P(T > 300) = e^{-\left(\frac{300}{\eta}\right)^\beta} = e^{-\left(\frac{300}{200}\right)^{0,8}} = 0{,}2508$$

b) Da mesma maneira,

$P(100 < T < 400) = F(400) - F(100) =$

$= 1 - e^{-\left(\frac{400}{200}\right)^{0,8}} - \left[1 - e^{-\left(\frac{100}{200}\right)^{0,8}}\right] = e^{-\left(\frac{100}{200}\right)^{0,8}} - e^{-\left(\frac{400}{200}\right)^{0,8}} =$

$= 0{,}5631 - 0{,}1753 = 0{,}3878$

5.3 EXERCÍCIOS SELECIONADOS

1 Uma variável aleatória tem distribuição uniforme entre 2 e 7. Qual sua média e seu desvio-padrão? Qual a probabilidade de se obter um valor entre 2,7 e 4,2? Qual a probabilidade de que, obtidos dois valores independentes, um seja menor que 3 e outro maior que 6,5?

2 A duração de certo tipo de condensador tem distribuição exponencial de média 200 horas. Qual a proporção de condensadores que duram

a)   menos de 100 horas?
b)   mais de 500 horas?
c)   entre 200 e 400 horas?

3 Uma companhia fabrica lâmpadas com uma duração média de 100 horas e distribuição exponencial.

a)   Qual deve ser a garantia do fabricante para repor apenas 5% da produção ?
b)   Qual a probabilidade de uma lâmpada durar de 163 a 185 horas?

4 Em indivíduos sadios, o consumo renal de oxigênio tem distribuição normal de média 12 cm^3/min e desvio-padrão 1,5 cm^3/min.

a)   Determinar a proporção de indivíduos sadios com consumo

- inferior a 10 cm^3/min;
- superior a 8 cm^3/min;
- entre 9,4 e 13,2 cm^3/min;
- igual a 11,6 cm^3/min;
- entre 10 e 13 cm^3/min e/ou entre 12,5 e 14 cm^3/min.

b)   Determinar o valor do consumo renal que é superado por 98,5% dos indivíduos sadios.
c)   Determinar uma faixa em torno do valor médio que contenha 90% dos valores do consumo renal.
d)   Se um indivíduo apresentar um consumo renal de 18 cm^3/min, você consideraria esse indivíduo sadio?

5 O número de pedidos para compra de certo produto que uma companhia recebe por semana distribui-se normalmente, com média 125 e desvio-padrão 30. Se em uma semana o estoque disponível é de 150 unidades, qual a probabilidade de que todos os pedidos sejam atendidos? Qual deveria ser o estoque para que se tenha 98% de probabilidade de que todos os pedidos sejam atendidos?

5.3 — EXERCÍCIOS SELECIONADOS

6 Numa região, a altura das pessoas tem distribuição praticamente normal com desvio-padrão de 8 cm e tal que 20 % da população é constituída de pessoas com menos de 1,68 cm de altura. Calcule a proporção de pessoas com altura

a) superior a 190 cm;
b) igual a 175 cm;
c) entre 170 e 185 cm.

7 Uma máquina de empacotar determinado produto apresenta variações de peso com desvio-padrão de 20 g. Em quanto deve ser regulado o peso médio do pacote para que apenas 10% tenham menos de 400 g? Supor distribuição normal dos pesos dos pacotes.

8 Num determinado processo industrial, as peças com mais de 22 kg e menos de 18 kg são consideradas defeituosas. O processo atual tem 30% de defeituosas. Foi proposta a troca por um processo com média de 21 kg e variância de 0,81 kg². Deve ser feita a troca?

9 Uma pessoa precisa tomar um trem que parte dentro de 20 min, podendo, para chegar à estação, optar por um de dois trajetos: C_1 e C_2. Sabe-se que o tempo para percorrer C_1 é uma variável normal de média 18 min e desvio-padrão 5 min, e idem para C_2, com média 20 min e desvio-padrão 2 min.

Qual será a melhor escolha de trajeto? No momento em que ia escolher o trajeto, a pessoa foi informada estar o trem com atraso de 3 min. Qual será agora a melhor decisão?

10 Certo tipo de resistências elétricas são consideradas aceitáveis se estiverem entre 45 e 55 ohms, e são consideradas ideais se estiverem entre 48 e 52 ohms. A produção dessas resistências tem média de 53 ohms e desvio-padrão de 3 ohms. Em um lote de 200 resistências aceitáveis, quantas resistências ideais devemos esperar encontrar?

11 Em uma distribuição normal, a proporção de valores abaixo de 25 é de 82%, e a proporção de valores acima de 20 é 70%. Determinar a proporção de valores acima de 22.

12 Os pneus de certa marca têm peso médio de 8,35 kg com desvio-padrão 0,15 kg. Como a durabilidade relaciona-se com o peso, os fabricantes decidiram pagar uma indenização de R$ 50,00 por pneu fornecido com menos de 8 kg de peso. Quanto representa, em reais, essa indenização no custo médio por pneu? Se se resolver diminuir à metade esse custo adicional sem deixar de pagar a indenização, qual o novo limite de peso abaixo do qual a indenização seria paga? Supor normal a distribuição dos pesos.

13 Numa fábrica de tintas, o produto é acondicionado em latas, sendo que 32% das latas produzidas estavam com peso líquido inferior a 20 kg. A máquina de enlatar foi regulada, aumentando-se o peso líquido médio em 100 g. A porcentagem com peso líquido inferior a 20 kg, conseqüentemente, caiu para 13%. De quanto deve ser novamente aumentado o peso líquido médio, para que essa porcentagem se reduza a 5%?

Supor distribuição normal do peso líquido e desvio-padrão constante face aos ajustes feitos.

14 A máquina de empacotar um certo produto oferece variações de peso com desvio-padrão de 20 g. Em quanto deve ser regulado o peso médio do pacote, para que apenas 10% tenham menos de 400 g? Com a máquina assim regulada, qual a probabilidade de que o peso total de 5 pacotes escolhidos ao acaso seja inferior a 2.000 g? Supor distribuição normal.

15 Uma máquina automática enche latas com peso bruto que varia segundo uma distribuição normal com desvio-padrão de 20 g. A lata vazia pesa, em média, 500 g, com desvio-padrão de 10 g e distribuição normal. Qual o peso médio que a máquina deve fornecer para que haja uma probabilidade 98,5% de que a quantidade líquida em cada lata seja superior a 2.500 g?

16 Os capacitores marca A têm capacitância média 49,5 μF com desvio-padrão de 1,8 μF, e os da marca B têm média 50,6 μF com desvio-padrão de 2,5 μF. Em ambos os casos, a distribuição das capacitâncias é normal, e o preço unitário é também o mesmo. Sendo c_0 o valor mínimo desejável para a capacitância, para que valores de c_0 é preferível usar a marca A?

17 Uma empresa de café solúvel pesa o café fora da lata e depois coloca-o na lata, a qual cheia tem peso com média de 700 g e desvio-padrão de 5 g, e vazia, média de 150 g e desvio-padrão de 4 g. Qual a proporção de latas com menos de 545 g de café? Supor distribuições normais.

5.3 — EXERCÍCIOS SELECIONADOS

18 Um elevador pesa 300 kg. Em cada viagem leva sempre 3 pessoas, sendo o peso de cada pessoa uma normal de média 70 kg e variância 12 kg^2. Se o peso total ultrapassar 515 kg, haverá uma multa de R\$ 100,00.

a) Qual o gasto esperado com multas em 100 viagens?
b) Qual deve ser a "carga crítica", de tal forma que, em 1.000 viagens, só duas ultrapassem essa carga crítica?

19 Em um tear, as quebras de fio ocorrem com intervalo médio de 15 min, segundo um processo que pode ser considerado de Poisson. Calcule a probabilidade de que o tempo de operação até a ocorrência da 20ª quebra de fio, em dado dia, seja superior a 7 horas.

20 Uma produção de polias tem diâmetro interno médio do furo central igual a 10,05 mm, com desvio-padrão 0,04 mm e distribuição normal dos valores. Essas polias devem ser montadas em eixos, cuja produção tem diâmetro externo médio de 9,90 mm, com desvio-padrão de 0,02 mm e distribuição também normal. Sendo os pares polia-eixo tomados ao acaso, em que proporção de vezes não haverá encaixe?

21 Uma máquina produz 2% de peças defeituosas. Qual a probabilidade de que, num lote de 500 peças produzidas, haja

a) mais de 5 defeituosas?
b) exatamente 8 defeituosas?

22 Os ovos da produção de uma granja são classificados em grandes ou pequenos, conforme seu diâmetro. Verificou-se que 45% dos ovos são considerados grandes. Supondo que os ovos são colocados em caixas de 60, aleatoriamente, pergunta-se

a) em que porcentagem de caixas teremos pelo menos 50% de ovos grandes ?
b) em que porcentagem de caixas teremos exatamente 50% de ovos grandes?

23 O número de cartas que uma companhia recebe por dia é uma variável de Poisson, com média 29,3. Calcular

a) a probabilidade de num dia a companhia receber menos de 25 cartas;
b) a probabilidade de num dia a companhia receber mais de 25 e menos de 35 cartas.

24 Uma máquina produz peças cujo comprimento tem distribuição normal de média 215,0 mm e desvio-padrão 0,8 mm. Num lote de 80 peças, qual a probabilidade de termos exatamente 10 peças com mais de 216,0 mm? E mais do que 10?

25 Seja X a variável aleatória definida no Exerc. 2.3.30. Obtidos 30 valores aleatórios da variável X, indicar uma faixa na qual teremos bastante aproximadamente 80% de probabilidade de encontrar a soma dos 30 valores. Calcular a probabilidade de que, entre os 30 valores obtidos, haja pelo menos 10 que sejam inferiores a 2. São dadas a média e a variância de X, respectivamente 11/3 e 49/18.

26 Uma companhia contratou um serviço que envolve a realização de 5 tarefas consecutivas. Cada tarefa só pode ser realizada após o término completo da tarefa anterior e suas durações são independentes, com distribuições de probabilidade cujas médias, desvios-padrões e formas aproximadas da função densidade de probabilidade são dadas abaixo

Tarefa	μ(dias)	σ(dias)	Densidade
1	20	4	normal
2	8	3	aproximadamente normal
3	30	8	aproximadamente normal
4	17	5	normal
5	25	2	aproximadamente normal

Segundo o contrato, o preço a ser pago por esse serviço será de R$ 200.000,00, com um prêmio adicional de R$ 20.000,00 se o serviço for concluído em menos de 90 dias, e com uma multa de R$ 50.000,00 se ele for concluído depois de 120 dias. Qual o faturamento esperado da companhia?

27 No meu escritório, recebo em média 4 chamadas telefônicas por hora. Supondo que essas chamadas obedeçam às hipóteses do modelo de Poisson, qual é a probabilidade de que, em determinado dia, o tempo decorrido desde a minha chegada ao escritório até a ocorrência da quarta chamada seja superior a uma hora?

28 Um componente tem uma vida segundo uma distribuição de Weibull de parâmetros $\beta = 3.5$ e $\eta = 300$ horas.

a) Qual a probabilidade deste componente durar entre 200 e 400 horas?

b) Qual a probabilidade deste componente durar mais de 400 horas, sabendo-se que após 200 horas continuava funcionando?

5.4 EXERCÍCIOS COMPLEMENTARES

1 Considere a distribuição uniforme definida no Exerc. 5.3.1. Obtidos três valores independentes daquela variável aleatória, calcule a probabilidade de que

a) o menor deles seja inferior a 3 e o maior deles seja superior a 5.

b) o valor intermediário esteja entre 4 e 5.

2 Mostre que a distribuição da soma de dois valores independentes uniformemente distribuídos entre 0 e 1 é uma distribuição triângular simétrica entre 0 e 2.

Sugestão. Considerar a distribuição bidimensional do par de valores obtidos.

3 O intervalo de tempo entre o final do atendimento de um cliente e a chegada de outro, numa caixa de um supermercado, é uma variável aleatória distribuída exponencialmente com média 5 min. O encarregado da caixa, após atender um cliente, sai para tomar café e demora 6 min. Qual a probabilidade de, ao voltar, não encontrar nenhum freguês esperando?

4 Sabe-se de longa experiência que uma central telefônica PABX recebe, em intervalos de 1 min, duas chamadas ou uma chamada com igual probabilidade. O tempo de duração das chamadas pode ser considerado desprezível, e elas ocorrem independentemente entre si. Qual a probabilidade de que a central fique mais de 2 min sem receber nenhuma chamada? Qual a probabilidade de que a próxima chamada demore, a partir de agora, mais de 0,5 min e menos de 1,5 min, sabendo-se que

a) a última chamada acaba de ocorrer?

b) a última chamada ocorreu há 0,5 min?

5 Uma relação em geral aproximadamente válida para distribuições contínuas é

$$\mu - m_0 = 3(\mu - md)$$

Verifique a validade aproximada ou não dessa relação no caso da distribuição exponencial com parâmetro característico $\lambda = 0,4$. Determine também os quartis dessa distribuição, conforme apresentados em 2.1.5.b.

6 Suponhamos que o número de partículas de certa substância que encontramos por cm^3 de uma solução aquosa possa ser considerado como tendo distribuição normal de média 380 e desvio-padrão 20. Qual a probabilidade de que, em 1 cm^3 dessa solução, encontremos

a) menos de 330 partículas?
b) entre 397 e 430 partículas?
c) mais de 350 partículas?
d) exatamente 360 partículas?

Qual o número mais provável de partículas que poderá ser encontrado? Justificar.

Qual a probabilidade de que, em 100 cm^3 dessa solução, o número de partículas por cm^3 seja inferior a 385?

Qual o número de partículas por cm^3 que tem probabilidade 82,4% de ser superado?

Qual o intervalo, simétrico em relação à média, em que, com 90% de probabilidade, encontraremos o número de partículas em 1 cm^3?

7 Em uma população, a média do peso das pessoas é 65 kg, com desvio-padrão 7 kg. Deseja-se estabelecer uma especificação para a carga máxima de um elevador, de modo que, em apenas uma viagem em 200, essa especificação seja ultrapassada. Qual deverá ser a carga especificada para

a) elevador para uma pessoa?
b) elevador para quatro pessoas?

8 Em uma distribuição normal, 9% dos valores são inferiores a 120 e 60% são superiores a 130. Obtidos dois valores da variável, calcule a probabilidade de que pelo menos um seja superior a 140.

9 A análise das vendas, em uma loja, de certo produto "A" de consumo estável mostrou que, em 10% dos dias úteis (a loja fecha aos sábados), o número de itens vendidos foi inferior a 84. Por outro lado, em 1,5% dos dias úteis, as vendas ultrapassam 200 itens. Sendo praticamente normal a distribuição das vendas diárias, determine

a) o número mais provável de itens vendidos em um dia;
b) a probabilidade de que, em um certo dia, sejam vendidos mais de 180 itens.

5.4 — EXERCÍCIOS COMPLEMENTARES **149**

Se a média diária de vendas do produto "A" fosse 142 com desvio-padrão 50, qual a porcentagem de dias em que as vendas seriam inferiores a 84 itens?

10 É sabido que a idéia de mediana pode ser generalizada a mais que duas partes de uma distribuição de probabilidade. Assim, os tercis dividem a distribuição em 3 partes com igual probabilidade, os quartis em 4, os pentis em 5, etc. Sendo 15 e 20 os tercis de uma distribuição normal, determine os seus pentis.

11 Admitindo que os automóveis tenham larguras obedecendo a uma distribuição normal de média 2,00 m e desvio-padrão 0,15 m, dimensionar uma garagem para três automóveis aleatoriamente escolhidos, de modo que a probabilidade de necessitarem um espaço menor que 20 cm entre si e em relação às paredes seja menor que 15%.

12 A resistência de uma coluna é uma variável aleatória normal, de média 1.800 kg e desvio-padrão 80 kg. Qual a probabilidade de haver ruptura dessa coluna, se ela for solicitada por uma carga com valor médio 1.600 kg e desvio-padrão 200 kg? Qual o esforço máximo que se pode permitir, para que a coluna tenha 97% de probabilidade de resistir?

13 Um produto pesa em média 8 gramas com desvio-padrão de 5 g. É embalado em caixas de 144 unidades que pesam em média 200 g com desvio-padrão de 10 g e distribuição normal dos pesos. Calcular a probabilidade de que uma caixa cheia pese mais do que 1.400 g.

14 Uma distribuição normal tem desvio-padrão igual a 5. Qual sua média, se 80% da área sob a curva corresponde a valores superiores a 40? Qual a probabilidade de que a soma de cinco valores aleatoriamente obtidos dessa distribuição seja inferior a 200?

15 Na produção de uma indústria, uma peça A é constituída através da junção de dois componentes B e C, cujos pesos são variáveis aleatórias normais. O componente B tem peso médio 4,82 kg, com desvio-padrão 0,04 kg, e o componente C, 1,68 kg, com desvio-padrão de 0,03 kg. Retirada ao acaso uma amostra de 10 peças tipo A, qual a probabilidade de que o peso médio dessa amostra seja inferior a 6,52 kg?

16 Um elevador para 8 pessoas tem cabo dimensionado para 632 kg, tendo a resistência do cabo desvio-padrão de 40 kg. Sendo o peso normal de pessoas de média de 60 kg com desvio-padrão de 10 kg, qual a probabilidade de romper-se o cabo com 9 passageiros?

17 Na seção de montagem de uma fábrica, um certo tipo de polia é acoplado em eixos, sendo os eixos introduzidos no furo central das polias. Sabe-se que o processo de produção dos eixos é mais homogêneo que os das polias, de forma que a variabilidade dos diâmetros externos dos eixos é expressa por um desvio-padrão igual à metade do desvio-padrão dos diâmetros internos dos furos centrais das polias. A folga média entre o diâmetro interno das polias e o diâmetro externo dos eixos é de 0,1 mm. A experiência da indústria, por outro lado, mostra que 8% dos pares eixo-polia, selecionados ao acaso, não encaixam, por ser o diâmetro externo do eixo maior que o diâmetro interno da polia. Nessas condições, se o diâmetro externo médio dos eixos é de 1 cm, qual a porcentagem de eixos com diâmetro externo superior a 1,005 cm? Supor que os diâmetros dos eixos e das polias são normalmente distribuídos.

18 Uma distribuição normal tem desvio-padrão igual a 5 e é tal que 1,5% dos valores estão abaixo de 35.

a) Qual a sua média?

b) Se forem obtidos 20 valores, ao acaso e independentes, dessa variável aleatória, qual a probabilidade de que exatamente metade dos 20 valores sejam menores que a média?

19 Uma usina recebe latas vazias de peso médio 220 g e desvio-padrão 10 g. Uma máquina enche as latas e fecha-as quando tiverem um certo peso. O desvio-padrão da pesagem da máquina é de 15 g. Qual deve ser a regulagem do peso médio das latas cheias para que no máximo 5% da produção tenha peso líquido menor que 1 kg?

20 O carro de corrida A gasta em média, para percorrer o circuito de um autódromo, 130 s, com um desvio-padrão de 2,5 s. O carro B percorre o mesmo circuito com um tempo médio de 132 s e com desvio-padrão de 4,2 s. As probabilidades do circuito não ser completado por falha mecânica são de 0,15 para o carro A e 0,10 para o carro B. Qual dos dois carros tem maior probabilidade de quebrar o recorde da pista de 127,2 s? Qual é essa probabilidade? Supondo não haver falha mecânica, qual a probabilidade do carro B percorrer o circuito em menos tempo que o carro A?

5.4 — EXERCÍCIOS COMPLEMENTARES **151**

21 Uma variável se distribui segundo uma distribuição normal cujo desvio-padrão é 2,5 e tal que 10% dos seus valores são inferiores a 30. Calcular a proporção de valores que são superiores a 35. Retirados dois valores ao acaso, calcular a probabilidade de que pelo menos um deles seja inferior a 36,4. Retirados 20 valores ao acaso, calcular a probabilidade de que exatamente 3 sejam superiores a 36,4.

22 O número de acidentados que chega por dia em certo hospital tem distribuição praticamente normal de média 75 e desvio-padrão 8. Qual a probabilidade de que, em certo dia, cheguem

a) exatamente 75 acidentados?
b) mais de 60 e menos de 80 acidentados?

23 Uma peça é produzida em série e uma de suas dimensões tem média 28,4 mm e desvio-padrão 0,09 mm com distribuição normal. As peças passam por uma classificação onde são eliminadas todas as que têm dimensão abaixo de 28,2 mm ou acima de 28,7 mm. As restantes são colocadas em pacotes de 8 peças cada um. Estimar que porcentagem desses pacotes têm três ou mais peças entre os limites 28,4 e 28,6 mm.

24 São lançadas 3 moedas. Se sair 3 caras o jogador ganhará R$ 5,00, se sair 3 coroas o jogador perderá R$ 5,00, caso contrário não ganha nem perde nada. Logo após o lançamento, sorteará e ganhará um valor segundo uma distribuição normal de média de R$ 6,00 e variância de R$ 16,00. Somando-se os ganhos e perdas nas duas etapas do jogo, qual a probabilidade do jogador ganhar mais de R$ 5,00?

25 Uma máquina produz peças distribuídas normalmente com média de 80 mm e variância de 25 mm^2. As peças com medidas menores que 78 mm ou maiores que 85 mm são consideradas defeituosas.

a) Se forem retiradas 4 peças da produção, qual a probabilidade de duas ou mais serem defeituosas?

b) Se forem retiradas 40 peças, qual a probabilidade de mais de 30 serem defeituosas?

26 Uma caixa contém 10 bolas brancas e 20 bolas pretas. Extraindo-se 60 bolas desta caixa, com reposição sucessiva a cada extração feita ao acaso, qual a probabilidade de

a) saírem exatamente 20 bolas brancas?
b) saírem mais de 25 bolas brancas?

27 Uma população de parafusos possui resistências ao torque que se distribuem normalmente com média 40 kgf·m e desvio-padrão de 4 kgf·m. Esses parafusos serão utilizados na linha de montagem em série de um componente em uma base, com um aperto de 35 kgf·m, dado por ferramenta de precisão. Cada componente necessita 4 parafusos para a sua fixação. Qual o tempo total esperado para a montagem de 5.000 conjuntos (componente-base), sendo o tempo de colocação de um parafuso igual a 10 s, e o tempo de retirada de um parafuso quebrado igual a 30 s?

28 Por um processo de simulação, podemos gerar indefinidamente valores independentes de uma variável aleatória X, cuja função densidade de probabilidade é kx entre 0 e 2 e $2k$ entre 2 e 4. A variância dessa distribuição é 74/81 e sua média é 22/9.

a) Gerados 60 valores de X, calcule a probabilidade de que mais de 25 sejam inferiores a 2.

b) Gerados 45 valores de X, calcule a probabilidade de que sua soma total seja superior a 80.

29 Uma máquina produz peças com diametro normalmente distribuído com média 800 e variância 100. As peças são classificados em A e B se forem maiores ou menores que 795. Num lote de 20 peças, qual a probabilidade de termos um número igual de peças A e B? Qual a probabilidade de termos menos de 15 peças do tipo A?

30 Uma estrada tem, em média, 5 buracos cada 100 m. Qual a probabilidade de que, em 1 km, haja exatamente 50 buracos?

31 Uma "tabela de números aleatórios" fornece dígitos entre 0 e 9 com probabilidades iguais e em ordem totalmente independente. Tomando-se uma seqüência de tais dígitos até se completar 50 números ímpares entre 1 e 9 (os dígitos pares sendo desprezados), calcular a probabilidade de que a soma desses números seja superior a 230 e inferior a 275.

32 Você tem razão para acreditar que a proporção de pessoas que usam óculos em uma cidade é algum valor entre 0,2 e 0,3. Um ônibus está chegando com 40 pessoas, e um amigo quer apostar que naquele ônibus no máximo 12,5% das pessoas usam óculos. Você seria capaz de aceitar essa aposta sendo que, ganhando, você receberia R$ 10,00 e perdendo, pagaria R$ 100,00? Baseie sua conclusão no ganho esperado envolvido.

5.4 — EXERCÍCIOS COMPLEMENTARES

33 Calcule com razoável aproximação a probabilidade de que sejam necessárias mais de 50 jogadas de uma moeda equiprovável para se obterem 20 caras.

34 De acordo com certo critério de aproveitamento, a turma A tem distribuição normal de média 130 pontos e variância 64. Na turma B, 7% dos alunos tem menos de 110,2 pontos e 20% estão acima de 133,4 pontos. São escolhidos 5 alunos de cada turma, ao acaso. Qual a probabilidade de a média dos 5 alunos de B ser maior que a média dos 5 alunos de A?

35 Em uma produção de ximangos, o peso médio de cada unidade é 407,2 g com desvio padrão de 8,8 g, sendo 42% dos ximangos do tipo A. A tipologia independe dos pesos. Tirando-se uma amostra ao aceso de 50 ximangos, determine:

a) um intervalo dentro do qual encontraremos, com 95% de probabilidade, a média aritmética $\bar{x}$ dos pesos dos ximangos na amostra;

b) um limite mínimo, com 95% de certeza, para a proporção p' de ximangos tipo A encontrados na amostra,

Observação: Este exercício envolve idéias que serão objeto de estudo na Estatística.

36 Em certa região, a idade do homem tem média 68,2 anos com desvio padrão de 5,3 anos, a idade da mulher tem média 72,0 anos com desvio padrão de 6,4 anos e a diferença de idade entre marido e mulher tem média 4,5 anos com desvio padrão de 2,7 anos. Supondo distribuições normais e independência dessas variáveis, calcular a relação entre viúvos e viúvas.

37 Em um posto de atendimento, se garante que o intervalo de tempo entre atendimentos não é, em média, superior a 30 segundos. Um interessado chega nesse posto e observa que há 12 pessoas na fila para serem atendidas. Sendo verdadeira a afirmação feita, qual é o máximo valor para a probabilidade de que o interessado tenha que aguardar mais de 10 minutos para ser atendido?

APÊNDICES

APÊNDICE I
Teoria da decisão

Vimos no capítulo 1 que as árvores de probabilidade podem ser uma útil ferramenta para ajudar a resolver problemas quando o processo probabilístico envolve duas ou mais etapas.

Podemos considerar também as árvores de decisão, quando no processo há também instantes em que alguém deve decidir-se entre duas ou mais alternativas. Essas situações transcendem o Cálculo de Probabilidades, situando-se no campo da chamada Análise ou Teoria Estatística da Decisão. A Ref. 1 é sugerida para quem queira se aprofundar nessa questão. Limitar-nos-emos neste texto a ilustrar o uso das ávores de decisão através de um exemplo resolvido.

Exemplo   Um decisor deve escolher entre uma dentre três ações e os resultados possíveis dessa decisão dependem de uma realidade ainda desconhecida, mas que pode resultar em dois cenários: favorável (F) e desfavorável (D). Parte-se de que $P(F) = 0,6$ e $P(D) = 0,4$, ditas probabilidades prévias ou *a priori*.

A Tab. A.1 ilustra os possíveis resultados expressos em alguma unidade de valor, em função das possíveis ações e realidades.

Tabela A.1 — Ações, realidades e resultados

Realidade	Ação		
	a_1	a_2	a_3
Favorável	1.000	600	-300
Desfavorável	-500	-100	200

a) Qual a ação que maximiza o ganho esperado?
b) Qual o valor esperado da informação perfeita? Como interpretar esse valor?
c) Como fazer no caso de haver experimentação?
d) Como fazer quando há considerações de risco?

Solução   a) Usaremos para responder à pergunta uma **árvore de decisão**, na qual serão representados todos os dados do problema. Essa árvore se distingue de uma árvore de probabilidades por incluir um nó de decisão, representado por um quadradinho.

A árvore de decisão apresentada na Fig. A.1 já está resolvida. Para resolver uma árvore de decisão, qualquer que ela seja, deve-se percorrer os ramos da árvore de trás para diante. Cada vez que se encontra um nó de probabilidade, calcula-se o valor esperado e se associa ao nó. Cada vez que se encontra um nó de decisão, adota-se a decisão que otimiza os valores encontrados e esse valor ótimo é associado ao nó.

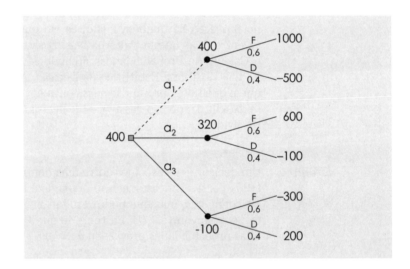

Figura A.1
Árvore de decisão

No presente caso, os valores associados aos nós de probabilidade foram calculados por

$$1.000 \cdot 0,6 + (-500) \cdot 0,4 = 400$$
$$600 \cdot 0,6 + (-100) \cdot 0,4 = 320$$
$$(-300) \cdot 0,6 + 200 \cdot 0,4 = -100$$

Chegando ao nó de decisão, vê-se que a decisão a_1 é a que maximiza o valor esperado e, sendo adotada, esse valor esperado é de 400.

b) Antes de calcular o **VEIP – valor esperado da informação perfeita**, vejamos o que é isso. Informação perfeita, ou clarividência, seria uma informação certa, sem erro. Na prática, dificilmente existirá mas, para efeito da presente pergunta, admitamo-la possível. Então, o VEIP seria a diferença entre o valor que assumiria o nosso problema na eventualidade de se dispor de informação perfeita e o valor que teria sem essa informação. Para determiná-lo, imaginemos a situação em que se vá ter acesso à informação perfeita (previamente desconhecida), mediante o acesso a um clarividente ou algo equivalente, e construamos a árvore de decisão representativa dessa situação, dada na Fig. A.2.

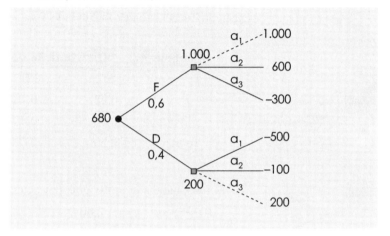

Figura A.2
Árvore de decisão em informação perfeita

Note-se que, agora, a decisão será tomada após a revelação pelo clarividente de qual será a realidade verdadeira, com o que melhora substancialmente a qualidade da decisão, elevando o valor esperado do problema para 680, donde

VEIP = 680 – 400 = 280

Esse valor deve ser interpretado como um limite superior para o que se poderia pensar em pagar por qualquer tipo de informação. Uma coisa é o valor de uma informação, outra coisa é o seu preço. Diríamos, pois, que uma informação imperfeita provavelmente não seria aceitável se não tivesse um preço bem abaixo de 280, no presente caso

c) Admitamos agora a possibilidade de se recorrer a um experimento sujeito a erros, com as características dadas na Tab. A.2, onde "F" significa o experimento indicar cenário favorável" e "D" significa "o experimento indicar cenário desfavorável". Nessa tabela são dadas as probabilidades das indicações condicionadas às realidades.

Tabela A.2 — Características do experimento			
	"F"	"D"	Probabilidade
F	0,7	0,3	0,6
D	0,2	0,8	0,4

A partir da Tab. A.2, multiplicando as probabilidades condicionadas pelas probabilidades *a priori* dos estados da natureza, construímos a Tab. A.3, cujo corpo fornece as probabilidades das intersecções entre estados da natureza e indicações do experimento. Somar as probabilidades nas colunas "F" e "D" equivale a calcular as probabilidades de ocorrerem essas previsões pela aplicação do Teorema da Probabilidade Total, dado por (1.15).

Tabela A.3 — Distribuição bidimensional			
	"F"	"D"	Total
F	0,42	0,18	0,60
D	0,08	0,32	0,40
Total	0,50	0,50	1,00

Vemos, imediatamente, que, por coincidência

$$P\ ("F") = P\ ("D") = 0,50$$

Mas a Tab. A.3 tem todos os ingredientes necessários para se calcular as probabilidades *a posteriori* dos estados da natureza, bastando dividir a probabilidade da respectiva casa na tabela pelo total da respectiva coluna. Tem-se, imediatamente

$$P(F\,|\,"F") = \frac{0,42}{0,50} = 0,84 \longleftrightarrow P(D\,|\,"F") = \frac{0,08}{0,50} = 0,16$$

$$P(F\,|\,"D") = \frac{0,18}{0,50} = 0,36 \longleftrightarrow P(D\,|\,"D") = \frac{0,32}{0,50} = 0,64$$

O que foi feito equivale a aplicar o Teorema de Bayes, dado por (1.16).

Temos agora todas as condições para construir e resolver a árvore de probabilidades com o experimento, conforme feito na Fig. A.3.

Essa árvore foi resolvida da mesma forma como indicado no item *a*. Vemos que uma indicação desfavorável para a natureza pode mudar a ação a ser escolhida. O valor do experimento será

$$VE = 456 - 400 = 56$$

Considerando estratégia como uma regra que indica qual ação tomar em face de cada resultado do experimento, a estratégia ótima no presente caso será

Se "F" ⟶ a_1
Se "D" ⟶ a_2

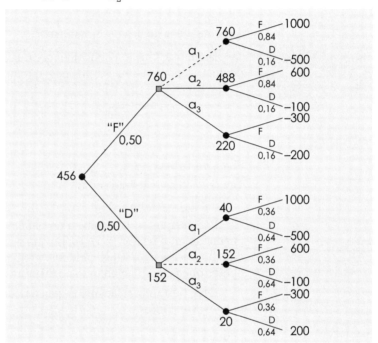

Figura A.3
Árvore de decisão com o experimento

d) Deve-se notar que decisões baseadas apenas na maximização do valor esperado, como feito até agora, não levam em consideração os riscos envolvidos. Assim, por exemplo, a decisão maximizante indicada no item a do problema é a_1, mas ela envolve um risco de, com probabilidade 0,4, ter-se uma perda de 500. A decisão a_2, com um ganho esperado um pouco menor (320 ao invés de 400), seria possivelmente bem mais interessante para um decisor que, como em geral ocorre com pessoas, empresas e organizações em geral, manifestasse um sentimento de aversão ao risco.

A Análise Estatística de Decisão se preocupa, como não poderia deixar de ser, com essa questão, buscando, através de Teoria da Utilidade, incorporar ao seu modelo de decisão, explicitado na árvore, as considerações de risco. Isto, entretanto, foge ao escopo do presente livro, mas os interessados poderão se valer da já citada Ref.1, (Bekman e Costa Neto, 1980).

APÊNDICE II

Confiabilidade

1 Definição de confiabilidade

Confiabilidade é a probabilidade de um sistema ou componente desempenhar satisfatóriamente sua missão durante um tempo t_0, sob condições de uso determinadas.

Define-se função confiabilidade, relacionada à confiabilidade de um componente ou sistema com o tempo de vida t_0, por

$$R(t_0) = P(T > t_0) = 1 - F(t_0) = \int_{t_0}^{\infty} f(t)dt$$

2 Taxa de falhas

Taxa de falhas é definida como

$Z(t_0) = f(t_0)/R(t_0)$

Pode ser entendida como a probabilidade de falha no instante imediatamente posterior a t_0, dado que o sitema estava funcionando em t_0, ou seja, a velocidade instantânea de falhas dos componentes que estão funcionando no instante anterior a t_0.

Está, portanto, relacionada com o risco de falha imediatamente após o instante t_0.

3 Vida média

Vida média (em inglês, MTBF – mean time between failures)

$$\text{MTBF} = \int_0^{\infty} t \cdot f(t)dt.$$

4 Curva da banheira

Em condições bastante gerais, a vida de um componente ou um lote de componentes pode ter uma curva da taxa de falhas em função do tempo de acordo com a Fig. A.4

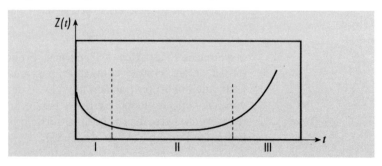

Figura A.4
Curva da banheira

Podemos distinguir três regiões:

I - Período de falhas precoces com taxa de falhas $z(t)$ decrescente-região caracterizada, por exemplo, pelas falhas de componentes com defeitos de fabricação.

II - Período com taxa de falhas constante–região da vida útil do item.

III - Período de desgastes acentuados com taxa de falhas crescente–período de degenerescência.

5 Curvas de vida

De acordo com as condições particulares de fabricação ou utilização, os sistemas ou componentes podem ter suas curvas de vida representadas por particulares distribuições de probabilidades. Dentre as mais utilizadas no estudo da confiabilidade, podemos citar:

5.1. Distribuição exponencial

Utilizada quando a taxa de falhas for praticamente constante, ou seja, quando o desgaste em relação ao tempo for desprezível ou a causa de falha for externa ao componente, segundo uma distribuição de Poisson. Neste caso:

$$f(t) = \lambda e^{-\lambda t}; \quad R(t) = e^{-\lambda t}; \quad Z(t) = \lambda, \quad t > 0$$

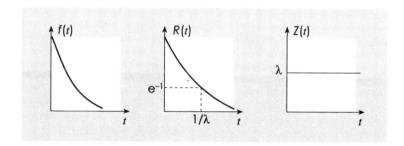

Figura A.5 Distribuição exponencial

5.2. Distribuição normal

Pode ocorrer. com maior ou menor aproximação, quando o desgaste resulta de diversos fatores ligados ao envelhecimento do componente. Neste caso:

$$f(t) = \frac{1}{\sqrt{2\pi}\,\sigma} e^{-\frac{1}{2}\left(\frac{t-\mu}{\sigma}\right)^2}$$

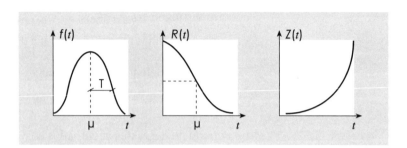

Figura A.6
Distribuição normal

5.3. Distribuição de Weibull

Por ser um modelo bastante flexível em função da atribuição de seus parâmetros, a distribuição de Weibull tem sido bastante utilizada em aplicações práticas para representar tempos de vida de componentes. Neste caso:

$$f(t)=\frac{\beta}{\eta}\cdot\left(\frac{t}{\eta}\right)^{\beta-1} e^{-\left(\frac{t}{\eta}\right)^{\beta}} \;;\quad R(t)=e^{-\left(\frac{t}{\eta}\right)^{\beta}} \;;\quad Z(t)=\frac{\beta}{\eta}\left(\frac{t}{\eta}\right)^{\beta-1}$$

$t > 0$

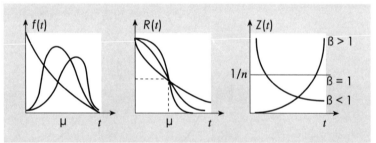

Figura A.7
Distribuições de Weibull

6 Exemplo

Um lote de componentes deveria ter uma duração de vida segundo uma distribuição normal de média 500 horas e desvio padrão 70 horas. Porém, 20% deste lote é mal formado, com duração de vida segundo uma distribuição de Weibull com $\beta = 0,7$ e $\eta = 200$ horas. Este componente pode também falhar por causas externas que acontecem à razão de uma causa de falha por cada 600 horas. Qual a confiabilidade deste componente para um período de 400 horas?

Solução:

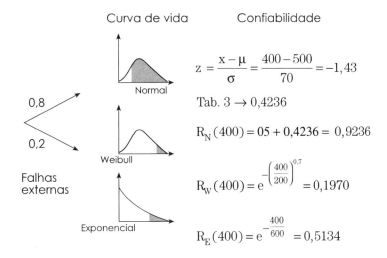

Confiabilidade total:

$$R_T(400) = \left[0,8 \times R_N + 0,2 \times R_W\right] \times R_E =$$
$$= (0,8 \times 0,9236 + 0,2 \times 0,1970) \times 0,5134 =$$
$$= 0,3996$$

7 Confiabilidade de sistemas

A confiabilidade de um sistema depende do modo como seus componentes estejam logicamente ligados. Em termos de falhas do sistema, as principais ligações lógicas dos componentes são:

7.1. Sistema em série

Um sistema com dois componentes em série falha quando algum dos componentes falhar.

——[$R_1(t)$]——[$R_2(t)$]——

Se os componentes forem independentes:

$$R_{sist.}(t_0) = P(T_{sist.} > t_0) = P\left[(T_1 > t_0) \cap (T_2 > t_0)\right] =$$
$$= R_1(t_0) \times R_2(t_0)$$

Generalizando para n componentes independentes:

$$R_{sist.}(t_0) = \prod_{i=1}^{n} R_i(t_0)$$

7.2. Sistema em paralelo

Um sistema com dois componentes em paralelo falha quando os dois componentes falharem.

Se os componentes forem independentes:

$$R_{sist.}(t_0) = 1 - P(T_{sist.} < t_0) = 1 - P\left[(T_1 < t_0) \cap (T_2 < t_0)\right] =$$
$$= 1 - \left[(1 - R_1(t_0)) \times (1 - R_2(t_0))\right]$$

Generalizando para n componentes:

$$R_{sist.}(t_0) = 1 - \prod_{i=1}^{n}(1 - R_i(t_0))$$

Observação: No exemplo 2 se ilustra uma situação em que os componentes não são independentes.

7.3 Sistema de reserva

Um componente de reserva (em *stand by*) só entra em operação quando o primeiro componente falhar.

A confiabilidade do sistema para o instante t_0 será:

$$R_{sist}(t_0) = 1 - P\left[(T_1 < t^*) \cap (T_2 < t_0 - t^*)\right]$$

t^* = instante de falha do primeiro componente

Para um sistema com um componente em *stand by*, ambos com duração exponencial de mesma taxa de falhas, o sistema falha se ocorrerem duas ou mais falhas no intervalo t_0, sendo essa probabilidade calculada pela distribuição de Poisson:

$$R_{sist}(t_0) = P(X_P \leq 1) = P(X_P = 0) + P(X_P = 1) =$$
$$= e^{-\lambda t} + \lambda t\, e^{-\lambda t} = (1 + \lambda t)e^{-\lambda t}$$

Nesse caso:

$$\text{MTBF} = \frac{1}{\lambda} + \frac{1}{\lambda}$$

APÊNDICE II **165**

e, para um sistema com um componente em *stand by*, ambos com duração exponencial de taxas de falhas diferentes λ_1 e λ_2:

$$MTBF = \frac{1}{\lambda_1} + \frac{1}{\lambda_2}$$

$$R_{\text{sist.}}(t_0) = e^{-\lambda t_0} + \frac{\lambda_1}{\lambda_1 - \lambda_2}\left(e^{\lambda_1 t_0} - e^{-\lambda_2 t_0}\right)$$

8 Exemplo 1

Para dois componentes com duração de vida segundo distribuições exponenciais independentes com taxas de falhas λ_1 e λ_2, podemos demonstrar:

Tipo de conexão	Confiabilidade	MTBF
Série	$e^{-(\lambda_1 + \lambda_2)t}$	$\dfrac{1}{\lambda_1 + \lambda_2}$
Paralelo	$e^{-\lambda_1 t} + e^{-\lambda_2 t} - e^{-(\lambda_1 + \lambda_2)t}$	$\dfrac{1}{\lambda_1} + \dfrac{1}{\lambda_2} - \dfrac{1}{\lambda_1 + \lambda_2}$
Reserva	$e^{-\lambda_1 t} + \dfrac{\lambda_1}{\lambda_1 - \lambda_2}\left(e^{-\lambda_1 t} - e^{-\lambda_2 t}\right)$	$\dfrac{1}{\lambda_1} + \dfrac{1}{\lambda_2}$

Faremos uma análise comparativa de 3 configurações A, B, C, com $\lambda_1 = \lambda_2 = 1/100$ falhas por hora e uma missão de 20 horas.

Configuração A: Os dois componentes em paralelo

Configuração B: Um componente funcionando e o segundo em stand by.

Configuração C: Um componente funcionando e o segundo em stand by, porém com eficiencia de 90% para o sistema comutador, ou seja, existe uma probabilidade de 10% do componente em stand by não ser acionado.

Configuração A:

$$R_{(20)} = 2 \times \left(e^{-\frac{1}{100} \cdot 20} \right) - e^{-\left(\frac{1}{100} + \frac{1}{100}\right)20} = 0,9671$$

$$MTBF = \frac{1}{\lambda} + \frac{1}{\lambda} - \frac{1}{2\lambda} = 100 + 100 - 50 = 150 \text{ horas}$$

Configuração B:

$$R_{(20)} = e^{-\frac{1}{100} \cdot 20} + \frac{20}{100} e^{-\frac{1}{100} \cdot 20} = 0,9825$$

$$\text{MTBF} = \frac{1}{\lambda} + \frac{1}{\lambda} = 200 \text{ horas}$$

Vemos assim que esta configuração em *stand by* é preferível, tanto em termos de vida média quanto em termos de confiabilidade.

Para a configuração C, caso mais próximo de muitas realidades, e considerando que a probabilidade do componente em *stand by* não ser acionado é de 0,10, temos:

$$R_{(20)} = e^{-\frac{1}{100} \cdot 20} + 0,9 \cdot \frac{20}{100} e^{-\frac{1}{100} \cdot 20} = 0.9661$$

$$\text{MTBF} = \frac{1}{\lambda} + 0.9 \frac{1}{\lambda} = 190 \text{ horas.}$$

9 Exemplo 2

Um avião tem dois motores com duração de vida segundo uma distribuição exponencial de uma falha cada 1.000 horas. Se um dos motores falhar, o segundo motor terá uma sobrecarga e sua taxa de falhas passa a ser uma falha cada 300 horas. Qual a confiabilidade para um voo de 10 horas?

Solução Como as vidas dos dois motores *não* são independentes, podemos considerar o sistema como sendo os dois motores ligados em série e, se algum deles falha, o outro entra em operação (*stand by*) com taxa de falhas alterada.

O sistema acima é equivalente a:

Portanto

$$\lambda_1 = \frac{1}{500} \ e \ \lambda_2 = \frac{1}{300}.$$

Pela equação da confiabilidade para *stand by*, temos:

$$P(10) = e^{-\lambda_1 10} + \frac{\lambda_1}{\lambda_1 - \lambda_2}\left(e^{-\lambda_1 10} - e^{-\lambda_2 10}\right) =$$

$$= 0,9802 + \frac{\frac{1}{500}}{\frac{1}{500} - \frac{1}{300}}\left(e^{-\frac{1}{500}\cdot 10} - e^{-\frac{1}{300}\cdot 10}\right) =$$

$$= 0,9997$$

10 Exercícios propostos

1 Um componente pode falhar ou por causas aleatórias que aparecem à razão de uma cada 600 h, ou por desgaste, conforme uma distribuição normal com $\mu = 500$ h e $\sigma = 30$ h.

Qual a sua confiabilidade para $t = 480$ h?

2 Suponha que a duração de uma peça até falhar seja normalmente distribuída com $\mu = 90$ h e $\sigma = 5$ h. Para quantas horas de operação sua confiabilidade será de 90%? 95%? 99%?

3 Um avião tem 3 motores, cada um com taxa de falhas constante $\lambda = 0,0005$/h, independentes entre si. Dado que ele pode voar com um só motor, qual a sua confiabilidade para um vôo de 10 horas?

4 Três dispositivos têm tempo de vida normalmente distribuído com $\mu = 50$ h e $\sigma = 5$ h. Para que tempo de vida uma associação deles terá confiabilidade de 80%, supondo:

a) Ligação em série
b) Ligação em paralelo

Se a associação entre eles for no esquema de reserva, qual a sua confiabilidade para $t = 130$ h?

5 No esquema abaixo, considerar:

Componente A — duração de vida segundo exponencial com taxa de falhas de uma por 100 horas

Componente B — duração de vida segundo normal com desvio padrão 10 horas

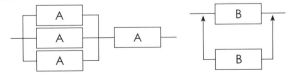

Qual deve ser a vida média dos componentes B para que os dois sistemas tenham a mesma confiabilidade para 200 horas?

APÊNDICE III — TABELAS

Tabela A.III-1 Distribuição binomial

$n = 10$

k	p								
	0,02	0,05	0,10	0,20	0,25	0,30	0,40	0,50	
0	0,8171	0,5987	0,3487	0,1074	0,0563	0,0282	0,0060	0,0010	10
1	0,1667	0,3151	0,3874	0,2684	0,1877	0,1211	0,0403	0,0098	9
2	0,0153	0,0746	0,1937	0,3020	0,2816	0,2335	0,1209	0,0439	8
3	0,0008	0,0105	0,0574	0,2013	0,2503	0,2668	0,2150	0,1172	7
4	0,0000	0,0010	0,0112	0,0881	0,1460	0,2001	0,2508	0,2051	6
5		0,0001	0,0015	0,0264	0,0584	0,1029	0,2007	0,2461	5
6		0,0000	0,0001	0,0055	0,0162	0,0368	0,1115	0,2051	4
7			0,0000	0,0008	0,0031	0,0090	0,0425	0,1172	3
8				0,0001	0,0004	0,0014	0,0106	0,0439	2
9				0,0000	0,0000	0,0001	0,0016	0,0098	1
10						0,0000	0,0001	0,0010	0

$n = 20$

k	0,02	0,05	0,10	0,20	0,25	0,30	0,40	0,50	
0	0,6676	0,3585	0,1216	0,0115	0,0032	0,0008	0,0000		20
1	0,2725	0,3774	0,2702	0,0577	0,0211	0,0068	0,0005	0,0000	19
2	0,0528	0,1887	0,2852	0,1369	0,0669	0,0278	0,0031	0,0002	18
3	0,0065	0,0596	0,1901	0,2054	0,1339	0,0716	0,0123	0,0011	17
4	0,0006	0,0133	0,0898	0,2182	0,1897	0,1304	0,0350	0,0046	16
5	0,0000	0,0022	0,0319	0,1746	0,2023	0,1789	0,0746	0,0148	15
6		0,0003	0,0089	0,1091	0,1686	0,1916	0,1244	0,0370	14
7		0,0000	0,0020	0,0545	0,1124	0,1643	0,1659	0,0739	13
8			0,0004	0,0222	0,0609	0,1144	0,1797	0,1201	12
9			0,0001	0,0074	0,0271	0,0654	0,1597	0,1602	11
10			0,0000	0,0020	0,0099	0,0308	0,1171	0,1762	10
11				0,0005	0,0030	0,0120	0,0710	0,1602	9
12				0,0001	0,0008	0,0039	0,0355	0,1201	8
13				0,0000	0,0002	0,0010	0,0146	0,0739	7
14					0,0000	0,0002	0,0048	0,0370	6
15						0,0000	0,0013	0,0148	5
16							0,0003	0,0046	4
17							0,0000	0,0011	3
18								0,0002	2
19								0,0000	1
20									0
	0,98	0,95	0,90	0,80	0,75	0,70	0,60	0,50	
				p					k

Tabela A.III-2 Distribuição de Poisson

k	μ						
	0,1	0,2	0,5	1	1,5	2	2,5
0	0,9048	0,8187	0,6065	0,3679	0,2231	0,1353	0,0821
1	0,0905	0,1637	0,3033	0,3679	0,3347	0,2707	0,2052
2	0,0045	0,0164	0,0758	0,1839	0,2510	0,2707	0,2565
3	0,0002	0,0011	0,0126	0,0613	0,1255	0,1804	0,2138
4	0,0000	0,0001	0,0016	0,0153	0,0471	0,0902	0,1336
5		0,0000	0,0002	0,0031	0,0141	0,0361	0,0068
6			0,0000	0,0005	0,0035	0,0120	0,0278
7				0,0001	0,0008	0,0034	0,0099
8				0,0000	0,0001	0,0009	0,0031
9					0,0000	0,0002	0,0009
10						0,0000	0,0002

k	μ						
	3	3,5	4	4,5	5	5,5	6
0	0,0498	0,0302	0,0183	0,0111	0,0067	0,0041	0,0025
1	0,1494	0,1057	0,0733	0,0500	0,0337	0,225	0,0149
2	0,2240	0,1850	0,1465	0,1125	0,0842	0,0618	0,0446
3	0,2240	0,2158	0,1954	0,1687	0,1404	0,1133	0,0892
4	0,1680	0,1888	0,1954	0,1898	0,1755	0,1558	0,1339
5	0,1008	0,1322	0,1563	0,1708	0,1755	0,1714	0,1606
6	0,0504	0,0771	0,1042	0,1281	0,1462	0,1571	0,1606
7	0,0216	0,0385	0,0595	0,0813	0,1044	0,1234	0,1377
8	0,0081	0,0169	0,0298	0,0463	0,0653	0,0849	0,1033
9	0,0027	0,0066	0,0132	0,0232	0,0363	0,0519	0,0668
10	0,0008	0,0023	0,0053	0,0104	0,0181	0,0285	0,0413
11	0,0002	0,0007	0,0019	0,0043	0,0082	0,0143	0,0225
12	0,0001	0,0002	0,0006	0,0016	0,0034	0,0065	0,0113
13	0,0000	0,0001	0,0002	0,0006	0,0013	0,0028	0,0052
14		0,0000	0,0001	0,0002	0,0005	0,0011	0,0022
15			0,0000	0,0001	0,0002	0,0004	0,0009
16				0,0000	0,0000	0,0001	0,0003
17						0,0000	0,0001
18							0,0000

Tabela A.III-3 Distribuição normal – Valores de $P(0 \leq Z \leq z_0)$ (Fig. 5.6, p. 121)

z_0	0	1	2	3	4	5	6	7	8	9
0,0	0,0000	0,0040	0,0080	0,0120	0,0160	0,0199	0,0239	0,0279	0,0319	0,0359
0,1	0,0398	0,0438	0,0478	0,0517	0,0557	0,0596	0,0636	0,0675	0,0714	0,0753
0,2	0,0793	0,0832	0,0871	0,0910	0,0948	0,0987	0,1026	0,1064	0,1103	0,1141
0,3	0,1179	0,1217	0,1255	0,1293	0,1331	0,1368	0,1406	0,1443	0,1480	0,1517
0,4	0,1554	0,1591	0,1628	0,1664	0,1700	0,1736	0,1772	0,1808	0,1844	0,1879
0,5	0,1915	0,1950	0,1985	0,2019	0,2054	0,2088	0,2123	0,2157	0,2190	0,2224
0,6	0,2257	0,2291	0,2324	0,2357	0,2389	0,2422	0,2454	0,2486	0,2517	0,2549
0,7	0,2580	0,2611	0,2642	0,2673	0,2703	0,2734	0,2764	0,2794	0,2823	0,2852
0,8	0,2881	0,2910	0,2939	0,2967	0,2995	0,3023	0,3051	0,3078	0,3106	0,3133
0,9	0,3159	0,3186	0,3212	0,3238	0,3264	0,3289	0,3315	0,3340	0,3365	0,3389
1,0	0,3413	0,3461	0,3461	0,3485	0,3508	0,3531	0,3554	0,3577	0,3599	0,3621
1,1	0,3643	0,3665	0,3686	0,3708	0,3729	0,3749	0,3770	0,3790	0,3810	0,3830
1,2	0,3849	0,3869	0,3888	0,3907	0,3944	0,3944	0,3962	0,3980	0,3997	0,4015
1,3	0,4032	0,4049	0,4066	0,4082	0,4145	0,4115	0,4131	0,4147	0,4162	0,4177
1,4	0,4192	0,4207	0,4222	0,4236	0,4265	0,4265	0,4279	0,4292	0,4306	0,4319
1,5	0,4332	0,4345	0,4357	0,4370	0,4382	0,4394	0,4406	0,4418	0,4429	0,4441
1,6	0,4452	0,4463	0,4474	0,4484	0,4495	0,4505	0,4515	0,4525	0,4535	0,4545
1,7	0,4554	0,4564	0,4573	0,4582	0,4591	0,4599	0,4608	0,4616	0,4625	0,4633
1,8	0,4641	0,4649	0,4656	0,4664	0,4671	0,4678	0,4686	0,4693	0,4699	0,4706
1,9	0,4713	0,4719	0,4726	0,4732	0,4738	0,4744	0,4750	0,4756	0,4761	0,4767
2,0	0,4772	0,4778	0,4783	0,4788	0,4793	0,4798	0,4803	0,4080	0,4812	0,4817
2,1	0,4821	0,4826	0,4830	0,4834	0,4838	0,4842	0,4846	0,4850	0,4854	0,4857
2,2	0,4861	0,4864	0,4868	0,4871	0,4875	0,4878	0,4881	0,4884	0,4887	0,4890
2,3	0,4893	0,4896	0,4898	0,4901	0,4904	0,4906	0,4909	0,4911	0,4913	0,4916
2,4	0,4918	0,4920	0,4922	0,4927	0,4927	0,4929	0,4931	0,4932	0,4934	0,4936
2,5	0,4938	0,4940	0,4941	0,4943	0,4945	0,4946	0,4948	0,4949	0,4951	0,4952
2,6	0,4953	0,4955	0,4956	0,4957	0,4959	0,4960	0,4961	0,4962	0,4963	0,4964
2,7	0,4965	0,4966	0,4967	0,4968	0,4969	0,4970	0,4971	0,4972	0,4973	0,4974
2,8	0,4974	0,4975	0,4967	0,4977	0,4977	0,4978	0,4979	0,4979	0,4980	0,4981
2,9	0,4981	0,4982	0,4982	0,4983	0,4984	0,4984	0,4985	0,4985	0,4986	0,4986
3,0	0,4987	0,4987	0,4987	0,4988	0,4988	0,4989	0,4989	0,4989	0,4990	0,4990
3,1	0,4990	0,4991	0,4991	0,4991	0,4992	0,4992	0,4992	0,4992	0,4993	0,4993
3,2	0,4993	0,4993	0,4994	0,4994	0,4994	0,4994	0,4994	0,4995	0,4995	0,4995
3,3	0,4995	0,4995	0,4005	0,4996	0,4996	0,4996	0,4996	0,4996	0,4996	0,4997
3,4	0,4997	0,4997	0,4997	0,4997	0,4997	0,4997	0,4997	0,4997	0,4997	0,4998
3,5	0,4998	0,4998	0,4998	0,4998	0,4998	0,4998	0,4998	0,4998	0,4998	0,4998
3,6	0,4998	0,4998	0,4999	0,4999	0,4999	0,4999	0,4999	0,4999	0,4999	0,4999
3,7	0,4999	0,4999	0,4999	0,4999	0,4999	0,4999	0,4999	0,4999	0,4999	0,4999
3,8	0,4999	0,4999	0,4999	0,4999	0,4999	0,4999	0,4999	0,4999	0,4999	0,4999
3,9	0,5000	0,5000	0,5000	0,5000	0,5000	0,5000	0,5000	0,5000	0,5000	0,5000

RESPOSTAS AOS EXERCÍCIOS PROPOSTOS

CAPÍTULO 1

1.3. Exercícios selecionados

1	a) 12/25; b) 13/25; c) 7/25; d) 7/25; e) 1/25.
3	a) 3/5; b) 2/5; a') 12/25; b') 13/25.
4	a) 0,3; b) 0,4; c) 0,5
5	8
6	3/7.
7	1/2; 11/16; 7/16; 3/4; 1/16; 9/16.
8	0,992.
9	Não; não.
10	38%.
11	0,3; 0,5.
12	1/2
13	a) 4/45; b) 11/45.
14	a) 1/17; b) 4/17; c) 1/17; d) 7/17; e) 189/221; f) 8/17.
15	1/4165.
16	a) 0,4533; b) 0,4945; c) 0,0852; d) 0,2473; e) 0, 9148.
17	a) 0,4851; b) 0,4428; c) 0,1341; d) 0,1968; e) 0,8659.
18	a) 0, 4135;1; b) 1; 0,4598; c) 0.
19	a) 211/243; 19/27.
20	a) 0,1361; b) 0,2175; c) 0,1833.
21	a) 1/36; b) 17/36; c) 1/10; d) 29/120.
22	413/9720.
23	a) 61/450; b) 181/450; c) 104/225.
24	17/32.
25	0,4705.
26	22/45.
27	a) 1/3.
28	0,64.
29	4/7.
30	35/122; 45/122; 42/122.
31	0,0511; 0,0604.
32	2/3.

1.4. Exercícios complementares ímpares

1	10/12.
3	2/5.
5	5/16.
7	a) Não; b) Sim; c) 3/4; 1; 1/4.
9	a) 1/3; b) 1/2; c) 0.
11	31/7776.
13	1/2; 4/9.
15	2/5.
17	3/7; 1/28.
19	1/4; 7/8.
21	a) 0,08825; b) 0,9964.
23	a) 0.673; b) 0.178.
25	a) 27/64: b) 1/4.
27	a) 3/7; b) 19/1260.
29	0,3757.
31	a) 43/65; b) 1/13; c) 12/13.
33	a) 4/9; b) 5/34; c) 5/17; d) 8/51.
35	52/105; a) 3/7; b) 5/14; c) 18/37.
37	1/2.
39	a) 613/1568; b) 9/28.
41	a) 13/150; b) 15/27.
43	a) 0,5744; b) 0, 4000.
45	a) 1/9; b) 1/18; c) 1/3.
47	6/11; 5/11.
49	0,33.
51	0,3544.
53	0,4291.
55	184/243: 7/23.
57	0.45.
59	a) 7/12; b) 2/5.
61	a) 1/3; b) 4/9; c) 1/28.
63	a) 8/33; b) 5/7.
65	a) 0,24; b) 0,9091; c) 0,36; d) 0,56.
67	17/81.
69	0,493.
73	0,069.
75	a) 0,412; b) 0,16; c) 0, 282; 0,388; 0,728; 0; 0,136; 0,524; 0,194; 0,136; 0,058; d) 0,143.

CAPÍTULO 2

CAPÍTULO 2

2.3. Exercícios selecionados

1    $X = 0, 1, 2, 3$, com probabilidades 125/216, 75/216, 15/216, 1/216.

2    $X = 0, 1, 2, 3, 4$, com probabilidades 1/16, 1/4, 3/8, 1/4, 1/16;
$$F(x) = 0 \qquad \text{para} \qquad x < 0;$$
$$F(x) = 1/16 \quad \text{para} \ \ 0 \le x < 1;$$
$$F(x) = 5/16 \quad \text{para} \ \ 1 \le x < 2;$$
$$F(x) = 11/16 \ \text{para} \ \ 2 \le x < 3;$$
$$F(x) = 15/16 \ \text{para} \ \ 3 \le x < 4;$$
$$F(x) = 1 \qquad \text{para} \qquad x \ge 4.$$

3    $X = 1, 2, 3, 4$, com probabilidades todas iguais a 1/4;
$$F(x) = 0 \qquad \text{para} \qquad x < 1;$$
$$F(x) = 1/4 \quad \text{para} \ \ 1 \le x < 2;$$
$$F(x) = 1/2 \quad \text{para} \ \ 2 \le x < 3;$$
$$F(x) = 3/4 \quad \text{para} \ \ 3 \le x < 4;$$
$$F(x) = 1 \qquad \text{para} \qquad x \ge 4.$$

4    $E(X) = 2,5$; md $= 2,5$; $\sigma^2\,(X) = 1,25$.

5    $P(X = k) = (3/4)^{k-1}/4$.

6    $E(X) = 6$; $m_0 = 7$; $\sigma = 1,095$.

7   R$ 2,00.

8   R$ 37. 50.

9   19,5: 59,58.

10   12,25; 10; 6 e 12.

11   104,75; 105; 102,5 e 107,5; 35; 9,417.

12   a) 1/2; 0; b) 1; 600,6.

13
$$F(x) = 0 \qquad \text{para} \qquad x < 1;$$
$$F(x) = 1/2 \quad \text{para} \ \ 1 \le x < 2;$$
$$F(x) = 3/4 \quad \text{para} \ \ 2 \le x < 3;$$
$$F(x) = 1 \qquad \text{para} \qquad x \ge 3;$$
$$E(X) = 7/4; \text{md} = 3/2; \text{m0} = 1; \sigma^2 = 11/16.$$

14   a) 630 g; 5,25 g; b) 630 g; 3,60 g.

15   1,18 cm.

18   26/27.

19
$$f(x) = 0 \qquad \text{para} \ \ x \le 0 \ \text{ou} \ x \ge 5;$$
$$f(x) = x/6 \qquad \text{para} \ \ 0 \le x \le 2;$$
$$f(x) = 1/3 \qquad \text{para} \ \ 2 \le x \le 3;$$
$$f(x) = (5{-}x)/6 \ \text{para} \ \ 3 \le x \le 5.$$

20
$$F(x) = 0 \qquad \text{para} \quad x \le 0;$$
$$F(x) = x^2/12 \qquad \text{para} \quad 0 \le x \le 2;$$
$$F(x) = (x-1)/3 \qquad \text{para} \quad 2 \le x \le 3;$$
$$F(x) = (-x^2 + 10x-13)/12 \quad \text{para} \quad 3 \le x \le 5;$$
$$F(x) = 1 \qquad \text{para} \quad x \ge 5.$$

21   15/16.

22   a) 3/2; b) 3/20; c) 2; d) $\sqrt[3]{4}$

23   a)
$$F(x) = 0 \qquad \text{para} \quad x < 0;$$
$$F(x) = (3x - x^3)/2 \quad \text{para} \quad 0 \le x < 1;$$
$$F(x) = 1 \qquad \text{para} \quad x \ge 1.$$
     b) 5/16.

24   a) 1; b) 0; c) 1.

25   7/4; 85/48; $0 \le m_0 < 1$; 3/2.

26   0,3834; 0 3775.

27   a) 37/56; b) 0,444.

28   b) 1/25: c) 5; d)41/50.

29   0,958; 1; 0,124; 0,7.

30   3,53; 11/3.

31   a) 7/3; 5/2; b) 8/9.

32   a) 0,15; b) $E(X) = 1,3$; $md\ (X) = m_0\ (X) = 1$.

2.4. Exercícios complementares ímpares

1   a) 1/3; b) 1/16; c) 1/7.

3   925.

7    $X = 5, 6, 7, 8$, com $P(x) = 0,4; 0,3; 0,2; 0,1$.

9   a) $P(G = 1) = 31/32$, $P(G = -31) = 1/32$; $E(G) = 0$.
     b) $P(G = 1) = 1$; $E(G) = 1$.

11    $X = 0, 1, 2, 3, 4$, com $P(x) = 5/25, 8/25, 6/25, 4/25, 2/25$;
     $E(X) = 1,6$; $\sigma^2(X) = 1,44$

13   0,4.

15   a) –700/3; b) –300; 3.270.000.
     c)
$$F(x) = 0 \qquad \text{para} \quad x < -300;$$
$$F(x) = 7/13 \qquad \text{para} \quad -300 \le x < -100;$$
$$F(x) = 12/13 \quad \text{para} \quad -100 \le x < 1900;$$
$$F(x) = 1 \qquad \text{para} \quad x \ge 1900.$$

17   450 kg.

19   0,495.

CAPÍTULO 3 **175**

25   0,6838.

27   1/17; 2,98; 2,833; 1,5019.

29   1,4428; 1,4428; 0,0825; 1,41; 2.

31   a) $x_0^{1/\alpha}$; $f(x) = \alpha\, x_0^{1/\alpha} x^{-(\alpha+1)}$, $x \geq x_0$; c) 2; d) ∞.

33   R\$ 70.000,00.

35
$$
\begin{array}{lll}
F(x) = 0 & \text{para} & x < 20; \\
F(x) = 0{,}06x - 0{,}64 & \text{para} & 20 \leq x < 22; \\
F(x) = 0{,}075x - 0{,}83 & \text{para} & 22 \leq x < 24; \\
F(x) = 0{,}015x + 0{,}61 & \text{para} & 24 \leq x < 26; \\
F(x) = 1 & \text{para} & x \geq 26;
\end{array}
$$
$\mu = 21$.

CAPÍTULO 3

3.3. Exercícios ímpares

1   $Y = 1, 2, 3, 4, 5, 6$, com $P(y) = 1/20, 2/5, 1/10, 1/4, 1/20, 3/20$;
$Z = 1, 2, 3, 5,7, 11, 13, 17, 19$, com $P(z) = 1/20,1/20,1/10,1/10,1/5,$
$1/10,1/5, 1/10,1/10$.

3   $Y = -1, -\sqrt{3}/2, -1/2, 0, 1/2, \sqrt{3}/2, 1$, com $P(y) = 1/22, 3/22, 3/22,$
$5/22, 2/11, 2/11, 1/11$.

5   a) 7/4.
    b)
$$
\begin{array}{lll}
F(x) = 0 & \text{para} & x < 0; \\
F(x) = x/4 & \text{para} & 0 \leq x < 2; \\
F(x) = (x-1)/2 & \text{para} & 2 \leq x < 3; \\
F(x) = 1 & \text{para} & x \leq 3.
\end{array}
$$
    c)
$$
\begin{array}{lll}
g(y) = 1/8\,\sqrt{y} & \text{para} & 0 \leq y < 4; \\
g(y) = 1/4\,\sqrt{y} & \text{para} & 4 \leq y \leq 9. \\
g(y) = 0 & \text{para} & y < 0 \text{ ou } y > 9.
\end{array}
$$

7   $0{,}4$; $g(a) = 4/\sqrt{1-4a}$, $0 \leq a \leq 1/4$.

9.   a)
$$
\begin{array}{ll}
f(y) = 1/3\,\sqrt{y} & \text{para } 0 \leq y < 1; \\
f(y) = 1/6\,\sqrt{y} & \text{para } 1 \leq y \leq 4.
\end{array}
$$
    b)
$$
\begin{array}{ll}
f(y) = 2/9\,\sqrt{y} & \text{para } 0 \leq y < 1; \\
f(y) = (1 + 1/\sqrt{y})/9 & \text{para } 1 \leq y \leq 4.
\end{array}
$$

11   $X = 1, 2, 3, 4, 5$, com $P(x) = 1/8, 1/4, 1/8, 1/8, 3/8$;
$Y = 0, 1, 2$, com $P(y) = 1/3, 1/6, 1/2$; Sim.

13   0,49085.

15   a) $g(x) = 2x$, $0 \leq x \leq 1$; $h(y) = 2y$, $0 \leq y \leq 1$.
    b) $g(x) = 8(x + 1/2)/7$, $0 \leq x \leq 1/2$, $g(x) = 8/7$, $1/2 \leq x \leq 1$;
      $h(y) = 8/7$, $0 \leq y \leq 1/2$, $h(y) = (12 - 8y)/7$, $1/2 \leq y \leq 1$.
    c) $g(x) = \pi\,\sqrt{1 - x^2}/4$, $0 \leq x \leq 1$; $h(y) = \pi\,\sqrt{1 - y^2}/4$, $0 \leq y \leq 1$.

176 RESPOSTAS AOS EXERCÍCIOS PROPOSTOS

17   2/3; 3/2; 2/3; 3/2.

19   a) 1/16; b) $g(x) = 1/4, 0 < x < 4; h(y) = (3 - y)/4, 0 < y < 2$; c) Sim; d) 5/24.

21   a) 2; b) $f(x,y) = xy^3/8, 0 < x < 2, 0 < y < 2$; c) 1/3.

23   a) $f(x,y) = 1/80, 0 \le y \le x \le 40$; b) 0,9375.

25   1/4.

CAPÍTULO 4

4.3. Exercícios selecionados

2   a) 2,8; b) 1,03.
3   a) 0,2734; b) 0,1094; c) 0,5.
4   0,3670.
5   a) 3125/7776; b) 763/3888; c) 125/3888.
6   a) 0,0090; b) 0,3222; c) 0,6513.
7   512/2187.
8   0,2868.
9   a) 0,7351; b) 0,2321; c) 0,0328.
10   a) 0,9401; b) 59,9; c) R$ 2,28; d) $\mu = 0,4; \sigma^2 = 0,392$.
11   a) 0,1887; b) 0,0754.
12   5.
13   R$ 0,06.
14   0,4967; 0,3125.
15   A (R$ 4.000,00 > R$ 3.952,85).
16   a) 0,0842; b) 0,8754.
17   a) 0,3711; b) 0,1954.
18   a) 0,9197; b) 0,0613; 0,0803.
19   67,03.
20   a) 0,0232; b) 0,0172.
21   0,307.
22   a) 0,865; b) 0,536.
23   0,250.
24   a) 0 372; b) 0,479.
25   0,5.
26   a) 7/22; b) 21/22.
27    $X = 3, 4, 5, 6$.
28   a) 0,0387; b) 3,333.
29   a) 0,0625; b) 0,25; c) 3.
30   0,0515.
31   0.03472.
32   0,1088.

4.4. Exercícios complementares ímpares

1	2.
3	1) 0,00032; 2) 0,02028; 3) 0,9421.
5	0,0608.
7	$A[8l, 48 < 115, 55]$.
9	$1 - 2p$.
11	a) 0,0299; b) 1; c) 0.
13	a) 1/32; b) 13/16; c) 1/243; d) 0,0309.
15	R$ 2,17.
17	0,090; 0,335.
19	0,2873.
21	0,3679 ; 0,3679; 0,6321; 1,582.
23	31,37%.
25	0,268; 0,909; 0,116.
27	a) 0, 0758; b) 0, 8008; c) 0, 2436; d) 0,2527.
29	0,39; 0,415.
31	0,1396.
33	0,0471.
35	a) 0,343; b) R$ 4.500,00.
37	0,469.
39	0,1075;
41	a) 0,1311; b) 0, 0366.

CAPÍTULO 5

Exercícios selecionados*

1	4,5; 1,44; 0,3; 0,04.
2	0,39347; 0,08206; 0,23254.
3	5,13 h; 0,03865.
4	a) 0,0918 (0,0912); 0,9962; 0,7463(0,7466); 0; 0,8164 (0,8176). b) 8,745; c) 9,5325 a 14,4675; d) Não.
5	0,7967; 187.
6	a) 2,81%; b) 0; c) 0,6239.
7	425,6 g.
8	Sim.
9	C_1; C_2.
10	87.
11	(0,492).
12	R$ 0,50; 7,96 kg.
13	78 g.

*Os valores dados entre parênteses indicam as respostas obtidas fazendo-se interpolação linear na tabela da distribuição normal, quando essa diferir da resposta sem interpolação. Via de regra, daremos as respostas sem interpolação, exceto quanto a valores equidistantes dos tabelados.

14	425,6 g; 0,0021.
15	3048,5 g.
16	$c_0 < 46,67\,\mu F$.
17	0,0475.
18	a) R$ 2.033; b) 226,86kg.
19	0,0367.
20	0,0004.
21	a) 0,925; b) 0,104.
22	a) 0,258; b) 0,076.
23	a) 0,187; b) 0,589.
24	(0,1234); (0,2275).
25	98,4 a 121,6; 0,0135.
26	R$ 201.931,00.
27	0,4335.
28.	a) 0,7204; b) 0,7851.

5.4. Exercícios complementares ímpares

1	0,336; 0,296.
3	0,3012.
5	0,719; 1,733; 3,466.
7	a) 83 kg; b) 296 kg.
9	a)127; b) 0,057; 0,123.
11	7,07 m, no mínimo.
13	0,2148.
15	(0,8971).
17	(0,82%).
19	1249,66 g.
21	0,2358; 0,99; 0,190.
23	84,4%.
25	a) 0,6875; 0,0008.
27	80,5 h.
29	0,0354; 0,6255.
31	(0,7251).
33	0,0485.
35	a) $404,761 \leq \bar{x} \leq 409,639$, b) $p' > 0,305$.
37	0,047.

SUGESTÕES AOS EXERCÍCIOS SELECIONADOS
CAPÍTULO 1

1   Use a regra prática (1.10).

3   Veja quais as ordens em que os eventos podem acontecer e use a regra do produto (1.13).

4   Note que nesses casos as retiradas são independentes.

5   Faça o espaço amostral completo e use a regra do produto.

6   Esse exercício pode ser resolvido analogamente ao 1.2.4 ou calculando-se a probabilidade de ser a primeira, ou a segunda, ou a terceira pessoa a escolhida.

7   Construa o espaço amostral e use a regra prática (1.10).

8   É mais fácil calcular a probabilidade do alarme não soar (evento complementar).

9   Aplique a definição de eventos independentes e a regra do produto (1.13).

10   Calcule a probabilidade de um estudante praticar algum esporte e use o evento complementar.

11   Use a expressão (1.7) e as definições de eventos mutuamente excludentes e independentes.

12   Use as expressões (1.7) e (1.17).

13   Veja de quantas maneiras pode acontecer o evento considerado e use (1.13).

14   a), b), c) Use a expressão (1.13), d) Use a expressão (1.7). e) Lembre-se do evento complementar e que o dois e o ás são as cartas extremas. f) O ás é a carta de maior valor.

15   Calcule a probabilidade de sair uma quadra em uma certa ordem (1.14) e veja quantas ordens podem acontecer.

16   a) Use a expressão (1.14). b) Use a expressão (1.14) e veja em quantas ordens o evento pode ocorrer. c) Esse evento é a união de todas brancas ou todas verdes ou todas vermelhas. d) Use a expressão (1.14) e veja quantas ordens podem acontecer.

17   É o mesmo caso do exercício anterior, sendo que os eventos são independentes (expressão 1. 17).

18   Use seus conhecimentos de Geometria Plana.

19   Calcule pelo evento complementar do "navio ser atingido".

20   A probabilidade de sair ponto 1 ou 2 ou 3 ou 4 ou 5 ou 6 é 1.

21   a) Use a expressão (1.18). b) Uma branca e duas não brancas pode

acontecer quando a bola branca veio da 1ª, 2ª ou 3ª urna. c) Todas bolas da mesma cor é o mesmo que todas brancas ou todas pretas ou todas vermelhas. d) Veja de quantas maneiras pode acontecer o evento, calcule a probabilidade de cada maneira e aplique a Expr. (1.5).

22 Para cada resultado, calcule a probabilidade do acontecimento em cada urna e aplique a Expr (1.17) e a seguir a expressão (1.5).

23 Use o teorema da probabilidade total (1.15)

24 Calcule pelo evento complementar, ou seja, não passar corrente. Para isso é necessário que o primeiro ramo esteja aberto e o segundo ramo também aberto. O primeiro ramo estará aberto se o interruptor 2 estiver aberto ou se os interruptores 1 e 3 estiverem abertos.

25 Use o teorema de Bayes (1.16).

26 Use o teorema da probabilidade total (1.15).

27 Veja o Exercício 1.2.6 resolvido.

28 Este problema é mais simples do que você pensa.

29 Use o teorema de Bayes (1.16).

30 Use o teorema de Bayes (1.16).

31 Use o teorema da probabilidade total (1.15) e, a seguir, o teorema de Bayes (1.16).

32 Use o teorema de Bayes (1.16).

CAPÍTULO 2

1 Resulta diretamente do cálculo de probabilidades.

2 Resulta diretamente do cálculo de probabilidades e aplicação da expressão (2.5).

3 Idem 2.3.2.

4 Aplique as definições (2.7), 2.1.5.B, (2.15).

5 Idem 2.3.2.

6 Aplique a expressão (2.7), e as definições 2.1.5.B, 2.1.5.C e 2.6.1.B.

7 Aplique a expressão (2.7) considerando os ganhos e perdas como a variável aleatória.

8 Idem 2.3.7.

9 Aplique as propriedades da média e da variância.

10 Faça uma tabela de duas entradas. Aplique as definições e propriedades.

SUGESTÕES AOS EXERCÍCIOS SELECIONADOS

11   Determine, se quiser, a função probabilidade.

12   Vide exemplo resolvido número 2.2.2.

13   Use os conhecimentos do cálculo de probabilidades, lembre que a soma das probabilidades é unitária, e aplique as definições competentes.

14   Aplique as propriedades da média e variância, verificando em cada caso quais são as variáveis independentes.

15   Use as propriedades da variância.

16   Tome um intervalo de k desvios-padrão em torno da média (por exemplo, $k = 2$ ou $k = 3$).

17   Idem.

18   Use a função de repartição, ou integre diretamente a densidade.

19   Lembre que a área total da figura é 1.

20   Proceda de forma semelhante ao mostrado no exemplo resolvido número 2.2.6, item b.

21   Idem, número 2.3.18.

22   Aplique as definições e propriedades.

23   a) Idem 2.3.20; b) Idem 2.3.18.

24   Faça o gráfico da função densidade.

25   Obtenha a função densidade e aplique as definições.

26   Use a função de repartição.

27   Semelhante aos anteriores, envolvendo no item b um pouquinho de cálculo de probabilidades do Cap. 1.

28   Após o traçado do gráfico, fica elementar...

29   Semelhante aos anteriores.

30   Aplique as definições.

31   Idem 2.3.27.

32   Distribuição mista. Para calcular a média, use a analogia de massa.

CAPÍTULO 4

1   Aplique (2.7) e (2.17).

2   Veja o exercício anterior, (2.11) e (2.22).

3   Distribuição binomial, $n = 8$, $p = 1/2$.

4   Use a Tab. 1 do Apêndice.

RESPOSTAS AOS EXERCÍCIOS PROPOSTOS

5   Distribuição binomial, $n = 5$, $p = 1/6$.

6   Use a Tab. 1 do Apêndice.

7   Veja (4.7) e (4.8), lembre que $p + q = 1$ e aplique a fórmula binomial.

8   Note que há duas distribuições binomiais.

9   Use a distribuição binomial e o evento complementar.

10   Use a Tab. 1 do Apêndice e calcule pelo evento complementar. Use a expressão da expectância de uma variável aleatória, e as expressões (4.7) e (4.8).

11   Calcule a probabilidade de uma peça ao acaso ser defeituosa usando o teorema da probabilidade total. Use a Tab. 1 do Apêndice.

12   Calcule a probabilidade de não se obter 3 peças boas fabricando-se 3, 4, 5, ...

13   Distribuição binomial, $n = 20$, $p = 0,06$, e o conceito de valor médio devem resolver.

14   a) O inspetor irá concluir que a proporção de defeituosos é superior a 20% se a amostra apresentar mais de 20% de defeituosos. b) É uma nova distribuição binomial.

15   Calcule o preço de venda esperado para cada alternativa.

16   Embora seja uma distribuição binomial, podemos aproximar por uma distribuição de Poisson com $\mu = np$.

17   Distribuição de Poisson. Use o evento complementar.

18   "No máximo 2 chamadas" significa receber ou 0 ou 1 ou 2 chamadas. Lembre que "no mínimo 3 chamadas" é o evento complementar de "no máximo 2 chamadas".

19   Calcule a probabilidade de uma página não apresentar erro. Em 100 páginas teremos uma distribuição binomial. Calcule a sua média.

20   Calcule o número de defeitos numa área de 7,5 m × 1,2 m. Use a Tab. 2 do Apêndice.

21   Temos duas distribuições, a primeira Poisson e a segunda binomial. Use o evento complementar.

22   Use a fórmula de Poisson e certas propriedades da probabilidade.

23   Use a Tab. 2 do Apêndice e o teorema da probabilidade total.

24   Aplique, diretamente, as distribuições binomial e hipergeométrica.

25   Distribuição hipergeométrica, $N = 10$, $r = 5$, $n = 3$.

SUGESTÕES AOS EXERCÍCIOS SELECIONADOS

26 Distribuição hipergeométrica.

27 Veja a introdução da distribuição hipergeométrica.

28 a) Distribuição geométrica com $p = 0,05$ e $q = 0,95$.

29 Distribuição geométrica com $p = 0,5$ *após* o nascimento do primeiro filho.

30 Considere sucesso quando a lotação apanha um passageiro no ponto. Distritribuição de Pascal.

31 Distribuição multinomial. Não esqueça de levar em conta todos os resultados possíveis.

32 Distribuição multi-hipergeométrica.

CAPÍTULO 5

1 Lembrar as propriedades vistas no Cap. 1.

2 Usar a função de repartição.

3 Idem.

4 Utilização imediata da curva normal.

5 . Idem.

6 Ache a média primeiro.

7 Utilização imediata da curva normal.

8 Idem.

9 Verifique as probabilidades de que o tempo de percurso seja inferior ao tempo de espera do trem.

10 Verifique a relação entre o número de resistências ideais e aceitáveis.

11 Os dados permitem montar um sistema de duas equações a duas incógnitas.

12 Utilização da curva normal e da idéia de expectância.

13 Monte um sistema de duas equações e duas incógnitas...

14 Utilize a curva normal e as propriedades da média e variância das variáveis aleatórias.

15 Idem, tendo cuidado ao verificar quais as variáveis independentes.

16 A resposta depende das áreas sob as normais definidas por C_0.

17 Idem 5.3.15.

18 Idem 5.3.14.

19 Aqui entram as distribuições exponencial, gama, normal, o teorema do limite central e as propriedades da média e da variência. Mas a solução é muito simples.

20 Defina uma variável como sendo a folga no encaixe e estude-a.

21 Aproximação da binomial pela normal.

22 Idem.

23 Aproximação da Poisson pela normal.

24 Idem 5.3.21, mas antes deve-se trabalhar uma vez com a tabela normal...

25 Use o teorema do limite central, as propriedades da média e da variância e a aproximação da binomial pela normal.

26 Idem, usando a noção de expectância ao invés da aproximação citada.

27 Use a distribuição de Erlang.

28 O enunciado é auto-explicativo.

BIBLIOGRAFIA

Bekman, O. R. e Costa Neto, P. L. O. – Análise Estatística da Decisão. Edgard Blücher, São Paulo, 1980.

Lafraia, J. R. B. – Manual de Confiabilidade, Mantenabilidade e Disponibilidade. Quality Work, Rio de Janeiro, 2001.

Costa Neto, P. L. O. – Estatística. 2.ª ed. Edgard Blücher, São Paulo, 2002.

Leemis, L. M. – Reliability Probabilistic Models and Statistical Methods. Englewoods Cliffs (NJ). Prentice-Hall, 1995.

Meyer, P. L. – Probabilidade, Aplicações à Estatística. Ao Livro Técnico, Rio de Janeiro, 1983.

Raiffa, H. – Teoria da Decisão (trad.), Vozes, São Paulo, 1977.

Schlaifer, R. – Analysis of Decisions under Uncertainty. McGraw-Hill, Nova York, 1969.